天下文化

BELIEVE IN READING

財經企管 337A

封面設計／伍慧芳

# 矽說台灣

## 台灣半導體產業傳奇

張如心、潘文淵文教基金會　著

# 矽說台灣 台灣半導體產業傳奇

# 目錄

自序

# 出書 不只是記錄，更爲表達敬意

史欽泰

台灣半導體產業從無到有的故事，是全世界少有的經典範例。它展現了一個天然資源稀少的開發中地區，如何配合潮流趨勢，藉著政府和產業的共同努力，專注的投入資源，在短短幾十年之間，將整個社會和產業，從相當落後提升到先進層次。

個人很幸運能夠投身其中，在半導體領域奉獻心力三十年，參與並且見證了這一段重要的發展歷程。

對於《矽說台灣——台灣半導體產業傳奇》這本書，我的角色是多重的。從當年第一批派去RCA學IC技術的工程師，到之後在工研院催生主要的研發計畫，幫助成立聯電、台積電、台灣光罩、世界先進等公司，讓台灣的IC產業愈來愈接近世界水平，同時，我也代表本書的發起組織——潘文淵文教基金會——爲這段歷史留下最接近事實的紀錄。

對大多數的讀者來說，潘文淵或許是個陌生的名字，但他卻堪稱是催生台灣半導體產業的先驅。1974年，他說服台灣政府發展IC技術。這個無中生有的創舉，曾一再遭受各方質疑。然而，潘公不只提出願景，也極力呵護這夢想的實現。在他的輔導之下，我們這些「當時的年輕人」，才得以跌跌撞撞的摸索出發展方向。

爲了紀念潘文淵「呵護創新、鼓勵年輕人勇於嘗試」的精神，我們成立基金會，延續潘公的精神，鼓勵華裔年輕人勇於創新，並且在引進半導體技術三十年之際，出書記錄這段由潘公發起的產業升級之路。

## 給年輕人機會

三十多年以前，當我們決定加入IC計畫的時候，沒有人知道計畫會不會成功。我們有的只是年輕人願意爲國家做事的熱忱，和「做錯了沒關係，可以再改正」的想法。至於個人事業、前途會不會因爲成功或失敗而有所影響，倒是從不在考量之內。現在回頭看，這一路的經歷，除了自己付出的努力之外，眞的也很幸運。我想藉此感謝孫運璿、方賢齊、潘文淵這些前輩。他們的擔當和魄力，讓我們獲得這絕無僅有的機會。

這樣一個龐大的產業和影響力，是因著許多人從各方面、各層次的投入和奉獻而來。這本書礙於篇幅所限，雖然僅能提到其中少數幾位形塑產業樣貌的關鍵人物，基金會仍希望將這本書，獻給所有爲台灣半導體發展投注心力的人們。因爲你們的青春和專注，整個產業才有今日的傲人成就。

雖然轉換時空到二十一世紀的今天，政經環境已經不允許我們再從政府的角度，這樣大力、專注的扶持一個新興產業。然而，書中所提的使命感和主事者的遠見與擔當，以及如何在逆境中求生存，如何善加運用優點、迴避弱勢的創新等，卻可以應用在任何事業之上，值得有志者參考與自我期許。

（作者曾任工研院院長，現任清華大學科技管理學院院長、潘文淵文教基金會董事長）

# 自序

# 使命感的連結

張如心

帶著大家的祝福，《矽說台灣》終於付梓了。

本書記錄了台灣半導體產業過去數十年的重要轉折與發展歷程，同時也嘗試爲在其中投注心力的開創者發聲。

雖然在產業已經蓬勃發展的此時，再度提起當年這些功成名就者的魄力和信心，難免有點錦上添花的意味。然而，他們眞的是在看不出前途的時候，投注了換不回的青春和理性的專注，在短短數十年間，一棒接著一棒，配合潮流，成功的把台灣的電子產業推上國際級的層次。這如先民般的開創精神，是本書最希望彰顯的訊息。

我曾在工研院電子所服務六年，親身感受電子所對於台灣半導體產業的影響力。

第一次進入電子所，正值人員流動率最高的時期。才報到幾個星期，就聽說有同事已經找到金主，準備在科學園區開IC設計公司。留在電子所的同仁，無不把他們當成英雄般羨慕。

因著電子所「培育人才」的理念，我這個新人居然得以有機會參與了攸關台灣科技產業發展的TAC會議，還坐進當時工研院董事長張忠謀主持的科技顧問會議。專家們不留情面的質詢方式，和簡報同仁的手足無措，都烙印在我這初入職場的腦海裡。

第二次回到電子所服務，則是產業蓬勃發展的1997年，台灣已受到國際矚目。我有幸參與國際半導體會議和組織運作，並協助「SIP推動聯盟」成立。

「潘文淵文教基金會」是本書的發起者。基金會的成員大多數是當年受到潘文淵提攜、與工研院電子所頗有淵源的年輕人，現在已經是產業大老。爲了紀念潘文淵「呵護創新、鼓勵年輕人勇於嘗試」的精神，眾人以潘文淵爲名成立基金會，繼續提攜後進，並且在引進半導體技術三十年之際，出書記錄這段發展歷程。

## 向產業拓荒者致敬

或許是受到這些拓荒者的精神感召，也是回饋電子所的培育，我雖知自己能力有限，仍爭取撰寫這本深具歷史意義的書。感謝潘文淵文教基金會的決策者，把「給年輕人機會」的潘文淵精神應用在我的身上，讓我第一次寫書就有幸肩負這重要的題目。

即使這是耗費近一年的時間、以產業分析師的資料蒐集功力、經過實際訪談和眾人合力審稿的反覆驗證才完成的著作，其中仍難免有疏失之處，在此先向可能被錯待或遺漏的先進致歉。

感謝王國肇、史欽泰、石克強、邱再興、沈文義、吳子倩、施敏、宣明智、胡正大、胡定華、胡國強、張忠謀、張虔生、曹興誠、章青駒、曾繁城、黃民奇、楊丁元、虞華年、盧志遠、盧超群、蔡明介、 Christopher F. Corr 等長輩撥空接受訪談，指正我的觀念和想法。能夠向富原創思考的大師當面請益，親炙他們的熱忱和堅持，是撰寫本書最大的收穫。

在此要特別向胡定華董事長和史欽泰院長致敬。兩位長輩以數十年處事的圓融智慧、平易的態度，隨時解答我的疑難，一路助我突破瓶頸。胡董事長更翻出三十年前的產業資料，窮究專業晶圓代工觀念的起源，使本書得以收錄這些早期的史實。這美好的架構也源自胡董事長的建議，讓訊息更爲跳出。史院長除了親自指導之外，爲了考證書裡所提到的年代時序，特別犧牲假日到辦公室翻出二十年前的工作日誌，逐頁查證。

此外，如果沒有台積電曾晉皓多次校稿和指點、基金會羅達賢的關鍵提示、工研院黃麗卿陪著在倉庫裡翻找歷史照片、工作伙伴張靖敏任勞任怨的支持，以及貓空龍芽的主人讓我獨自在那小山谷裡趕進度，這本書很難如期出版。

感謝天下文化翠蓉、宜諄的協助，高希均教授的鼓勵，以及所有在撰寫過程中打氣、協助，但沒有被一一提及的好朋友。感謝專心在電腦前數不清的日夜裡，有聖靈的指引和陪伴，讓我把心中的感動一一謄寫下來。希望這本書不只給我感動，也帶給你啓示。

（作者爲精湛管理顧問公司總監）

# 推薦序

# 活的歷史

方賢齊

1970 年代，世界經濟蓬勃發展，台灣政府高階層首長行政院院長蔣經國先生、經濟部部長孫運璿先生等，有意想開發一些新技術、新工業。經召集政府有關官員、專家學者，並請回留美學者潘文淵先生等，幾經開會磋商，細心多方面研究，終於決定首先試辦「半導體電子工業」（即 IC 工業）。

這在當時是件相當冒險的事，幸好經各方大力支持，詳細研究討論，覺得還是值得一試。豈知，這一試居然成功了！

本書作者「如心女士」由本案定案開始，一路寫來，描述細緻，報導眞實，本人有幸參與其事，回憶三十年前往事，感慨無比。

這眞是一本「活的歷史」，讀之可以了解台灣現代工業史中，人們所創造的一段「奇蹟」，謹爲介紹。

2006年5月29日於美國紐約，時年九十五

（作者爲前交通部次長、工研院院長、聯電第一任董事長）

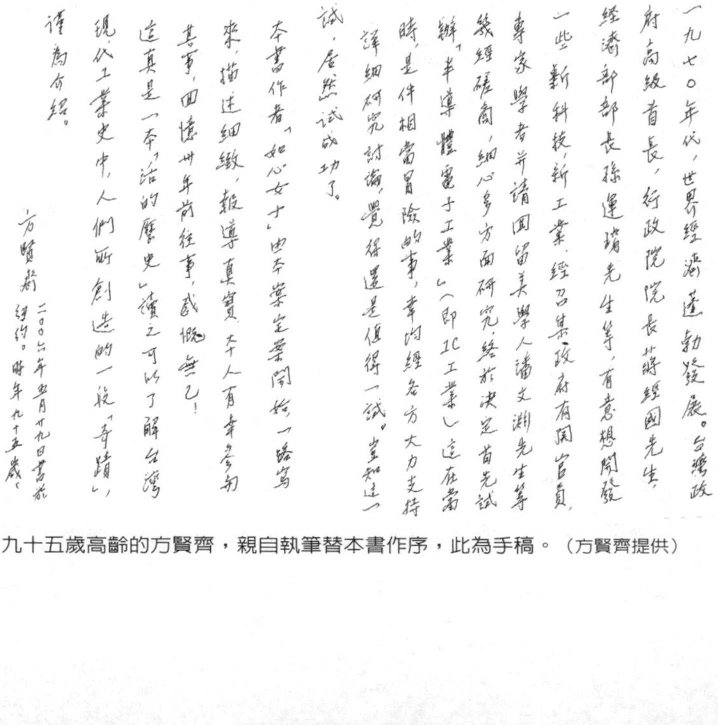
一九七〇年代，世界經濟蓬勃發展。台灣政府高級首長，行政院院長蔣經國先生，經濟部部長孫運璿先生等，有意想開發一些新科技，新工業，經召集政府有關官員，專家學者并請留美學人潘文淵先生等幾經磋商，細心多方面研究，終於決定首先試辦「半導體電子工業」（即IC工業）這在當時，是件相當冒險的事，幸均經各方大力支持詳細研究討論，覺得還是值得一試。豈知這一試，居然試成功了。

本書作者「如心女士」由本案定案開始，一路寫來，描述細緻，報導真實，本人有幸參與其事，回憶卅年前往事，感慨無已！

這真是一本「活的歷史」讀之可以了解台灣現代工業史中，人們所創造的一段「奇蹟」，謹為介紹。

方賢齊 二〇〇六年五月廿九日書於紐約。時年九十五歲。

▲九十五歲高齡的方賢齊，親自執筆替本書作序，此為手稿。（方賢齊提供）

推薦序

# 資訊群英的報國與創業

孫震

1970 年代對台灣的經濟發展而言，是驚濤駭浪的十年，也是乘長風破萬里浪的十年。李白「行路難」：長風破浪會有時，直掛雲帆濟滄海。

在政治方面：台灣於 1971 年被迫退出聯合國，1972 年中日斷交，1978 年底，美國宣布自翌年 1 月 1 日起與中共關係正常化，中美斷交。

在經濟方面：1973 年 10 月爆發第一次世界能源危機，使原已出現的物價膨脹如火上加油。1974 年世界經濟陷入衰退，台灣因物價上漲較劇，衰退更爲嚴重。1979 年第二次能源危機，使台灣的經濟發展再度受到打擊。

然而 1973 年 10 月，行政院蔣經國院長在物價膨脹正熾烈進行之際，宣布推動十大建設，包括六項交通建設、三項工業建設、一項電力建設。三項工業建設是一貫作業大鋼廠、大造船廠和石油化學工業，都是資本密集的工業，合稱重化工業。發展重化工業有兩個重要的意義，一個是單位人力使用的資本增加，使勞動生產力提高，而生產力提高是經濟成長的主要來源；另外一個是鋼鐵和石化都是所謂上游工業，可以為中、下游工業提供原料和中間產品；上、中、下游相關的產品都在國內製造，可以「健全產業結構」發揮「產業關聯效果」。鋼鐵的下游是汽車、造船、機械等，石化的下游是人造纖維、紡織、成衣、肥料、塑膠製造、化肥等。鋼鐵類下游是政府希望將來大力發展的工業，石化類下游正是1950年代以來台灣經濟發展的主流工業。

十大建設加強了台灣的基礎建設，也促進了台灣的經濟成長，使台灣經濟提升到更高的層級。就在十項建設轟轟烈烈動工，吸引所有人的目光之時，幾乎沒有人注意到，一場資訊電子工業的革命也正在悄悄進行，將台灣從1970年代以資本密集工業為主流的經濟發展，帶向1980年代以技術密集工業為主流，使台灣在1990年代發展為世界科技產業的重鎮。

## 經濟領域的寧靜革命

張如心女士的這本《矽說台灣》就是述說這場經濟領域中寧靜革命的故事。這場革命雖然沒有政治革命的壯烈，但卻有年輕的科技精英，放棄原本穩定可靠、前途似錦的事業，投身此一關乎國家發展前途、然而卻成敗莫卜的新產業計畫。誠如當年IC計畫的實際負責人胡定華先生說，他們當中沒有一個人想到自己的利益。

1973年10月蔣經國院長宣布推行十大建設後，復指示行政院祕書長費驊研究後繼發展的工業。費祕書長邀請在美國RCA負責研發工作的潘文淵先生返國研商，潘先生建議以研製積體電路（IC）爲核心，發展電子工業，獲得經濟部孫運璿部長首肯。

1974年7月，潘先生自美返國，撰寫「積體電路計畫草案」。7月26日上午十一時草案送達孫部長辦公室。孫部長於下午二時召開專案會議，出席人員有學者、企業界代表、經濟與交通二部官員約四十人。傍晚五時會議結束，孫部長做出以下結論：（1）請潘文淵先生儘快在美成立技術顧問委員會，協助國內發展電子工業，（2）國內事宜由交通部次長方賢齊負責接洽，（3）由工業技術研究院負責計畫執行，（4）經費1200萬美元由孫部長籌措。這是何等效率！何等魄力！

9月1日工研院成立電子工業發展中心。10月26日孫部長在美國潘府邀宴海外學人夫婦，組成美洲技術顧問團（Technical Advisory Committee，TAC），由潘先生擔任召集人。潘先生並自RCA提前退休，潘夫人亦配合辭去在紐澤西州之永任教職。他們並未在台灣受過教育，也未在台灣有過任何職位，但爲台灣做出重大犧牲與貢獻。潘先生和TAC的顧問們數十年如一日，協助工研院，義務爲台灣的電子工業發展服務，盡心盡力，爲而不有，功成不居，沒有任何個人的貪圖。台灣今天還有多少這樣的義士？

我細數這段歷史是感念當年我們國家公務人員的能力、魄力和效率，以及海外學人的報國情懷。很多年輕工程師從國內、國外返國參加這項積體電路發展計畫，建立了台灣資訊電子工業的基礎，使台灣的工業發展從資本密集轉向技術密集。台灣的科技產業才能有今天在世界經濟中的地位。2005年5月15日亞洲版《BusinessWeek》的封面報導標題「何以台灣如此重要」，副標題是「全球經濟沒它無法運轉」。這是當年投身這項國家工業計畫的年輕工程師始料未及的成就。

雖然整個計畫的創意和構想來自潘文淵先生，我相信大家都同意孫運璿部長是這場寧靜革命的主帥。但是，我們看孫先生是如何看待他對台灣經濟發展的貢獻（電子工業只是其中之一）？他說：「老百姓對我太好了。我覺得自己爲老百姓做得太少。我給百姓賺錢，可是沒帶來幸福。」這是何等胸懷！孫先生在今年2月去世，眞令人感嘆：「哲人日已遠，典型在夙昔。」

## 工研院　台海資訊電子業的麥加

1976年3月5日，工研院與RCA簽約合作。4月26日開始，分批派遣青年工程師赴美到RCA受訓，先後共三十餘人。他們在其後三十年對台灣電子工業的成長與壯大有很大的貢獻，如今很多人都成爲企業界或科研部門的領袖人物。張女士在書中對他們當年在美國受訓時的生活和趣事有生動感人的描述。

1976年7月，工研院積體電路示範工廠動土興建，翌年10月落成。孫部長在落成典禮上說：此示範工廠之完成，象徵台灣電子工業擺脫以往裝配型態邁向技術密集型態。

1979年示範工廠研製成功，量產三吋晶圓。4月，電子工業發展中心升格爲電子工業研究所。9月，籌設聯華電子公司，移轉技術。1980年5月，聯電成立。1986年電子所完成超大型積體電路（VLSI）計畫，產製六吋晶圓，1987年衍生台灣積體電路公司。1994年完成次微米（submicron）計畫，產製八吋晶圓，衍生世界先進公司。目前聯電和台積電的技術水準已達十二吋晶圓，90奈米線寬，挑戰65奈米世界尖端水準。電子所也隨著產業發展的需要衍生出電腦與通信工業研究所和光電工業研究所，支持台灣電腦、通信與光電工業的發展。

我常說：「工研院是台灣甚至是台海兩岸資訊電子工業的麥加（Mecca），工研院也是台灣科技人才供應的主要來源。」

不過我必須補充，台灣電子工業所以能蓬勃發展到今天的局面，尙有賴很多其他條件的配合，主要如新竹科學工業園區的設置，政府科技政策的大力支持，高等教育的快速發展，和海外學者專家的大量返國。

我於1973年8月受政府徵召到行政院經濟設計委員會工作，忙於幫政府應付物價膨脹、能源危機和1974年接踵而來的經濟衰退。1978年經設會改組爲經濟建設委員會。1980年新竹科學工業園區成立，我代表經建會擔任國科會科學工業園區指導委員會委員。說來慚愧，當時我並不知道工研院已研製成功積體電路、衍生聯電公司、進駐科學園區，台灣資訊電子工業已綻放第一枝美麗花朵。

1978年行政院召開第一次全國科技會議選定資訊和能源、材料、自動化爲重點科技。1979年至80年發生第二次能源危機。1981年，經建會設計新的經建計畫，根據「二高、二低、二大」六項原則，即（1）技術密集度高，（2）附加價值高，（3）能源密集度低，（4）污染程度低，（5）關聯效果大，（6）市場潛力大，選出資訊工業和機械工業爲經濟發展的「策略工業」。1982年，經濟部工業局根據經建會提出的標準，從機械與資訊電子工業中選出一百五十一項產品，做爲優先發展的項目。策略工業享有低利融資、五年免稅、加速折舊、研發投資抵減租稅等獎勵，以及在生產技術與經營管理方面之輔導。

我於1995年出任工研院董事長。我是第一個以經濟學者身分擔任這個職務的人。經濟學者雖然知道持續的技術進步是現代經濟成長最主要的因素，但技術進步在經濟成長或經濟發展理論中只是一個一般化的概念，在生產函數中被當成餘數來處理。我來到工研院才開始對以前琅琅上口的研發、創新與商品化有一點點具體的認識。

## IC計畫精英　產業拓荒英雄

我在工研院時的院長史欽泰先生，是當年自美辭掉工作返國投身這項計畫的精英之一。他在工研院先後擔任示範工廠廠長、電子所所長、副院長、院長，貢獻卓著，才華內斂。他是一位謙讓自抑的君子。我常常問欽泰兄，當年到RCA受訓都有哪些人、現在都做什麼。我覺得他們是台灣資訊電子工業的開國元勳，沒有他們，台灣的經濟發展會有不同的面貌。我以前寫過一百多年前清廷選送一百二十位幼童赴美留學的故事。他們返國後各有不同的際遇，不同的發展，最爲大家耳熟能詳的是鋪設京張鐵路、打通八達嶺隧道的詹天佑。

張如心女士說到唐代玄奘大師到印度取經，以佛法豐富中國文化。但是說到開創一個新產業，帶領經濟轉型、持續發展三十年，沒有任何一批出國受訓的學子能和工研院積體電路計畫的三十餘位英雄相比。然而社會大眾有多少人知道？張如心女士的這本大作，告訴我們這些和後來加入的資訊群英爲國家開創資訊工業的事蹟。

（作者爲前工研院董事長，現任元智大學管理學院教授）

推薦序

# 另一個台灣經濟奇蹟

高希均

## (一)

《矽說台灣》這本書，對台灣半導體產業的崛起與壯大，寫出了動人的見證。它爲受到世人稱讚的「台灣經濟奇蹟」做了一個圓滿的延伸：不只是台灣的勞力密集產品可以行銷世界，台灣的高科技產品在世界舞台上，也已占有一席之地。

從1950年代初到1980年中，是台灣從經濟起飛到持續成長的關鍵歲月。這個階段的發展主軸是產品由勞力密集與進口替代起步，然後提升到資本密集與出口擴張。如果沒有IC產業的孕育與投資，台灣經濟就只能停滯在加工與裝配，無法達到產業結構的改變與科技水準的改善；換言之，台灣只能在新興工業化國家的邊緣徘徊。宏碁集團共同創辦人施振榮先生提出的「微笑曲線」，變得遙不可及，台積電董事長張忠謀先生提出的「經濟成長極限」，就會更早出現，目前社會討論的台灣與世界接軌，也就更不切實際了。

2006年在全球各地，每五台筆記型電腦有四台是台灣做的，裡面裝用的主機板、無線網路卡、光碟機也幾乎全是台灣廠商製造的，近半數的數位相機，也出自台灣。

正如作者張如心所描述，這些電子產品的上游是占全球七成市占率的IC專業晶圓代工服務，全球最大的IC封裝測試服務，以及以資訊性和消費性爲主的IC設計業。台灣電子產業的上下游，在市場經濟的運作下，已連結成一張既嚴密、又有彈性的產業鏈結網。管理學者討論到的供應鏈與群聚效應在台灣找到了生動的印證。

## （二）

值得探討的是，當今天我們都深爲這些產業的成就驕傲時，很少人知道三十年前台灣引進IC技術的故事。作者提出了這些問題，也提出了解答：它是怎樣開始的？經過哪些轉折？發揮了哪些發展的契機？對產業的未來發展，又有哪些關鍵因素？帶給全球有哪些影響？

話說從頭，台灣半導體的崛起，就是三個因素的組合：

（1）對的決策：以孫運璿爲首（時任經濟部長）的政務官，做了對的決策。

（2）對的策略：以潘文淵爲首的技術顧問委員會，提出計畫書草案，邀請海外專家參與，協助組成工作團隊。

（3）對的人才：以使命感爲重的海內外人才，在風雲際會的大環境中，衍生了人才匯聚、技術開發、投資設廠、奮發創新……。

作者以洗鍊的文筆，引人入勝的故事，化繁爲簡的把我們這些讀者帶進了這些場景。這些故事指出：從1976年去美國學習IC技術，到2005年的三十年間，台灣從一無所有，一路發展到足以影響全球產業的景氣。

這眞是一個奇妙的組合：一位有擔當、敢突破的政務官，一群不支分文來自美國的（華裔）顧問群，一群沒有經驗卻勇於嘗試的工程師。工程界的前輩方賢齊說得好：「對的人」一直是台灣半導體產業發展的重要資產。

## （三）

本書「關鍵人物」中，速寫了九位人物及一組在海外的學者專家（美洲技術顧問團，TAC）。依序是潘文淵

（1912 — 1995）、孫運璿（1913 — 2006）、TAC 顧問（潘文淵、趙曾玨、羅无念、厲鼎毅、李天培、葛文勳、凌宏璋等人）、虞華年、張忠謀、施敏、胡定華、史欽泰、曹興誠、楊丁元。

是中華民族血液中奔放的「以天下爲己任」的使命感；是孫運璿的擔當——外界阻力雖不免，不必介意；是潘文淵無私的奉獻（沒領過台灣薪水，沒受過台灣教育）；是胡定華的整合才華；是史欽泰的「當時太年輕，不知道怕，也不計較」；是張忠謀的嚴謹與智慧；是曹興誠的足智多謀；是楊丁元的「回台灣參加一個歷史性的事件」；是各種因素的配合與巧合，台灣的 IC 產業融入了世界潮流，變成了 1990 年代後台灣經濟的主力。

經濟發展理論中有所謂 balanced-growth theory vs. big-push theory。台灣的 IC 產業是在「大推動」下的輝煌成就。

人類的歷史上偶然會出現：廉能無私的從政者，在關鍵時刻做出了睿智的決定，產生了承先啓後，及石破天驚的深遠影響。

這是台灣歷史上「事在人爲」的故事——結合了海內外的人才與他們的奉獻、志氣及夢想，創造了台灣另一個

「人爲」的奇蹟。

（作者爲美國威斯康辛大學榮譽教授）

推薦序

# 從「金生矽土」到「矽土生金」

胡定華

我們自1976年從RCA引進CMOS技術，到現在轉眼已是三十週年，每當回顧這段歷程，總是十分感動，想想今天台灣半導體的產業發展，不能不與各階段所有參與的同仁們自我肯定一番！也要特別向當年愛顧及支持的孫資政、潘顧問等長者表達誠摯的謝意！在書中提到名字的只有少數人，而台灣半導體產業三十多年來的發展，是成千上萬人的參與、努力與支持，我們特別要向這些貢獻者致上最深的敬意。

這本書的作者張如心小姐花了近一年的時間，蒐集資料並進行訪談求證，我個人也參與了針對若干事件的反覆思量與考證。即使如此，這本書的內容在許多細節上不可能完全納入，也不一定完美正確。但是這本書所呈現的每一階段，都能看到在上位者大人們的高瞻遠矚，更有年輕小伙子們在「開放、自主、信任」的大環境下的努力與奉獻，堅持「以我為主」的做法，眞誠演出，是多年來能深耕爾后收穫成功的基礎，當然不是單純的運氣好而已！

1984 年，工研院前院長方賢齊在電子所十週年所慶晚會上，頒了個錦旗上書「金生矽土」四個大字，表示政府是花大錢做小事，意思是指集中力量做好一件事，當時延續性的 VLSI 計畫也正在政府大力支持下順利進行。今天看來，這其中的奧妙在於投入的強度要高，而民間產業發展則是講求順勢自然的追求「矽土生金」的效益。這兩者的良性循環互動就是「生生不息，優勢競爭」的基本道理，而高附加價值新興產業當然會因努力而創「兆」成就。

我要特別向年輕人推薦這本書。我想，能夠讓年輕人感受到機會，也能勇敢把握機會，不怕風險，創新做自己，不僅其個人可以走向未來的大光明，相信整個社會的發展也會更健康、更進步。

（作者曾任交通大學電子工程學系主任、工研院副院長，現任建邦創投董事長）

# 關鍵人物

台灣半導體產業從無到有、
從篳路藍縷到舉足輕重的關鍵，就是一群「對的人」。
他們是有遠見、有擔當的領導人，
是有使命感的華裔科技精英，
是有自信的產業先驅。
在訴說 IC 產業傳奇故事前，
先讓我們順著年齡的脈絡，認識這群關鍵人物。

# 台灣半導體產業之父　潘文淵（1912~1995）

◀ 總是把功勞歸給別人的 TAC 顧問團召集人潘文淵博士。
（照片提供：工研院）

**【潘文淵小檔案】**

生年：1912年

學歷：上海交通大學學士、美國史丹佛大學博士

經歷：美國無線電公司（RCA）普林斯頓實驗室總監，美洲技術顧問團（TAC）主席

潘文淵博士一生沒有領過台灣的薪水、沒有受過台灣的教育、沒有在台灣定居，卻以滿腔愛國的熱忱，替台灣寫下第一份發展IC技術的計畫書。之後，爲了落實這計畫，他提早從RCA普林斯頓實驗室總監的工作退休，轉而在台美兩地奔走，傾全力讓IC技術在台灣生根。

由潘文淵領導的美洲技術顧問團（TAC），從台灣決定發展IC技術開始，一直爲工研院的科技研發方向和進

度，提出眞誠、準確的指引。在TAC，潘文淵先後輔助王兆振、方賢齊、張忠謀、林垂宙、史欽泰等五位工研院院長，以及康寶煌、胡定華、史欽泰、章青駒、鄭瑞雨等電子所、電通所所長。

潘文淵與費驊共同創辦，兩年一度、引介美國最新科技發展和趨勢訊息的「近代工程技術討論會」（METS），在1960年代到80年代，是台灣工程師們爭相參加的尖端技術研討會之一。

## 潘夫人眼中的潘文淵

潘文淵有著謙謙君子的特質，總是把功勞歸給別人，也甚少在公開場合發表言論。我們只有從潘夫人在1978年寫的一篇短文裡，窺得潘氏夫婦爲早期台灣IC產業奔走的奉獻情操：

「多年來，文淵經常與我討論『如何幫助他所愛的祖國』，在他尚未老到無法做任何事之前，顯然這是他最大的心願。

在1975年早期，工研院的積體電路計畫正在進行，文淵花了許多心力協助。這多少影響到我們家庭，於是我們做了一次家庭討論。文淵希望立即放棄自己在RCA的管理職位、提早退休，其次是我必須配合文淵經常得飛回台灣，放棄在紐澤西州永久任教之資格。那時侯，我已教了十八年的書，工作的安全感與高薪讓我難以割捨，再加上財務上驟然的龐大損失，讓我難以同意他的一腔熱血。

後來，我們做了更多的討論，我終於同意國家第一，個人幸福第二。我是女性，而女性應與男性擔負同樣的責任。積體電路計畫對台灣工業的發展具有重大影響，它可以讓台灣電子工業由勞力密集轉向技術密集。對我們潘家而言，這是一個能爲祖國經濟繁榮貢獻心力的機會。

了解文淵如我，相信他一定能夠披荊斬棘讓計畫成功，因爲他過去營運的計畫從未失敗過。而且，他是多麼需要家人的體貼與支持。所以，我終於投降了。

儘管有如此的犧牲，但我還是很高興得知工研院已有成功的數位產品問世。像吉普賽人般的兩地奔波，令我痛苦，但如今回想，一切都是值得的。」

有了夫人的全力支持，潘文淵全力爲台灣穿針引線，釐訂策略。他充分運用個人在美國工業界的關係，並發揮他領導科技研究的經驗及天賦，先後領導達百餘人的

TAC 團隊，爲台灣電子工業發展的奇蹟，做了不少開路奠基的功夫。

潘文淵於 1995 年 1 月 3 日在美病逝，享年八十三歲。爲了感念這位恩人，當年赴 RCA 受訓的 IC 產業名人，共同發起成立「潘文淵文教基金會」，藉以延續潘公的遺風，爲後起之秀，提供發展的機會。

潘太太是位偉大的女性。她在短文中提到女權運動的精神：女性應與男性共同擔當責任。大多數人對女性擔當責任的解讀是「女性經濟獨立」。但潘太太擔當的方式，卻是放棄做個樂在工作的女人。她更進一步，或乍看之下是退一大步，全力支持自己的先生，讓潘家一同奉獻國家。

# IC計畫精神領袖　孫運璿（1913~2006）

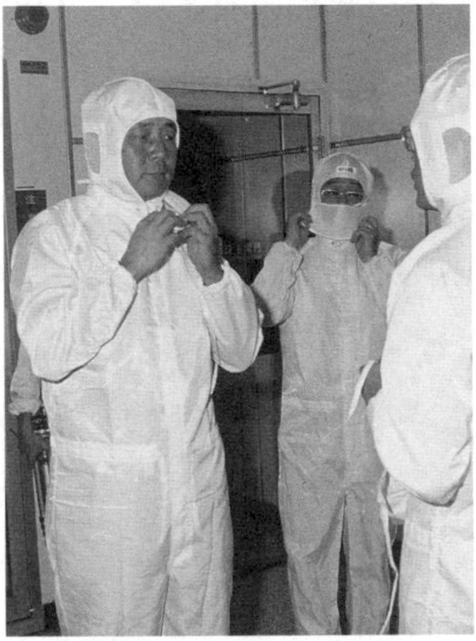

▲ 孫運璿參觀工研院的示範工廠。
（照片提供：工研院）

**【孫運璿小檔案】**

生年：1913年

學歷：哈爾濱工業大學學士、美國佛羅里達工學院榮譽理學博士、亞洲理工學院榮譽博士、交通大學榮譽博士

榮譽：國際管理學院院士、獲總統頒贈一等卿雲勳章

經歷：經濟部部長，行政院院長，總統府資政

台灣第一座CMOS IC工廠在工研院落成時，當時的經濟部長孫運璿親自來主持開幕典禮。當工作人員爲他別上「貴賓」名牌的時候，他大聲抗議：「我從頭參加這個計畫，怎麼能說我是貴賓？」

孫運璿的關心和呵護，是IC計畫成功的源頭。「你們儘管去做，外面的批評我來頂，」是他對計畫主持人一一當年三十三歲的胡定華說過的話。

在潘文淵建議台灣走IC這條路時，包括當時國科會主委、海外專家顧問等，都表示強烈反對。他們認爲IC這條不歸路，會吸光台灣所有資源。世界上有這麼多可以發展的技術，爲什麼非得選IC這麼艱難的課題不可？

前資策會執行長何宜慈則以美國的經驗爲鑑指出：「連IBM對CMOS IC都無法營運得好，台灣憑什麼可以？」另一位權威人士的名言：「有三樣東西，全世界只有美國可以做，就是電腦、汽車和半導體，」也是針對這件事說的。

在主事者對IC產業毫無概念的年代，這些紛擾的意見，莫衷一是，再加上國際間也才剛剛發生英特爾移轉製程技術給加拿大，卻宣告失敗的案例，都足以造成政府單位很大的信心危機。當時李國鼎的看法，也或多或少受到了影響。

## 一肩扛下所有阻力

「這種壓力，如果換成別人，早就決定不做了！」當時擔任經濟部顧問的施敏說，「在那段時間，孫運璿先生反反覆覆的考慮。常打電話來問我的意見，因爲又聽到似是而非的反對聲音。」這計畫攸關台灣的全面、長遠發展，孫運璿還是決定做了，也把所有的質疑和反對，一肩擔了下來。

在 1975 年，孫運璿親手寫給潘文淵的聖誕卡上寫著：「此一計畫在兄等大力協助下，只有成功，不會失敗！外界阻力雖不免，不必介意。」他把所有的阻力，都用「不必介意」四個字帶過。

潘文淵曾說：「跟著他做事是值得的，他不是在爲官場的下一步打算。我實在佩服他。他信任一個人就信任到底，還說丟官也要把這件事做好。」孫運璿的信任和魄力，贏得所有 TAC 成員的敬重。就像一個連鎖反應，深受感染的 TAC 成員，盡心扶持執行 IC 計畫的年輕人，而這群身負使命的年輕人，也以成果證明台灣可以製造出可靠、便宜的 IC，之後繁衍出一個產業。

「台灣發展 IC 成功，最重要的一個人就是孫運璿，」施敏肯定的說。

## 各擅勝場的科技精英 TAC

第一代的TAC顧問共有七人：潘文淵、趙曾玨、羅无念、厲鼎毅、李天培、葛文勳、凌宏璋。1978年電子所示範工廠生產成功後，研發項目增加了電腦輔助設計、電腦輔助測試、微電子應用等，於是TAC增加了鄭國賓，以及在IBM帶領尖端IC製程研發的虞華年等顧問。

虞華年是IBM突破1微米製程極限的靈魂人物，繼潘文淵之後成爲TAC的主導者。

凌宏璋爲美國空軍製造出第一顆IC，羅无念是美國第一本IC相關著作《半導體》一書的作者，厲鼎毅在光纖通訊領域有「DWDM之父」之稱。

1980年中美斷交之後，TAC依照技術領域分爲IC、微波、電腦等幾組。全盛時期共有五十多位義務工作的TAC顧問成員。台灣創投界大老徐大麟（漢鼎亞太董事長）、王伯元（怡和創投董事長）等人都曾是TAC成員。

## TAC總顧問　虞華年

▲ 全球頂尖的半導體製程專家虞華年。（劉純興攝影）

**【虞華年小檔案】**

生年：1929年

學歷：美國伊利諾大學電子工程系博士

經歷：中央研究院院士，國際歐亞科學院院士；現任美洲技術顧問團（TAC）主席，工業技術研究院（ITRI）資深顧問

攤開虞華年的履歷，會看見院士、技術委員會成員或主席、公司的顧問或董事、協會主席、獎章或卓越成就獎等幾十條顯赫的榮譽；他曾在IBM華生研究中心（Watson Research Center），帶領最尖端半導體製程技術開發的研究部門長達十年。

盧超群（鈺創科技董事長）、趙瑚（前晶豪科技董事長）、湯宇方（世紀民生半導體總經理），胡正大（前電子所長、台積電副總經理，現自行創業）、陳大濟（Daeje Chin，前三星執行長、現任南韓資訊通信部長）等人，都曾是虞華年的屬下。

「潘文淵還在的時候，他已經扮演很重要的角色。潘文淵不在之後，他更是重量級的人物，」胡定華說。虞華年也是工研院TAC的總顧問。

虞華年於1970年代後期加入TAC，是當時唯一致力於先進半導體製程發展的TAC成員，也是世界頂尖的半導體專家。他在80年代，帶領研究團隊，突破半導體1微米（um）製程的技術障礙，不但讓IBM尖端製程技術領先世界其他公司，更讓產業遵照摩爾定律所規範的速度，繼續發展下去。

虞華年在TAC顧問團中，擔任技術導正、把關的工作，不斷催逼電子所的研發人員向前推展。當他扮演工研院總顧問角色，質詢研發計畫進度時，在台上報告的主管很少不發抖的。

## 「不伎不求」的真君子

這樣一位專家，難免讓人感到難以親近、莫測高深。然而，和他本人接觸之後，才會體會古人所謂的「君子不伎不求」，指的是怎樣的風範。

不談技術的時候，虞華年是位笑口常開、平易近人的長者。「別人可以對他予取予求，而他也從不拒絕別人的合理要求，」虞華年任用的第一位非美籍研究員盧超群說，「虞華年是眞正的君子。幾十年以來，他始終這樣盡心盡意幫國家社會做事。他做的不只是義工，更是替台灣做很難的技術規畫的事。」

虞華年秉持著TAC不接受薪酬、不在辦公時間做顧問工作、不洩漏公司機密三大原則，在台灣和大陸兩地，都是建立、提升半導體產業的關鍵人物之一。

# 晶圓代工之父　張忠謀

▲ 開創晶圓代工模式的台灣半導體教父張忠謀。（照片提供：台積電）

**【張忠謀小檔案】**

生年：1931 年

學歷：美國麻省理工學院機械系碩士、美國史丹佛大學電機系博士

經歷：德儀公司集團副總裁，通用器材總裁，工業技術研究院院長、董事長，世界先進積體電路公司董事長；現任台灣積體電路公司董事長

素有「晶圓代工之父」、「台灣半導體教父」之稱的台積電董事長張忠謀是位傳奇人物。

他站在制高點運籌帷幄的視野和徹底執行的魄力，將台灣的半導體產業提升到國際級的層次，也使自己在這個爭名逐利的社會中，成為眾人崇敬的偶像。

他在誠信、操守等方面近乎潔癖的自我要求，終身學習的毅力和恆心，就事論事的工作態度，以及願意帶著在美國半導體界的成就和威望，委身在台灣從事社會服務（工研院屬社會服務業）的情操，在在令人佩服。

這樣一位動見觀瞻的產業領袖、科技富豪，在台灣這個為求名利不擇手段的社會中，難免會感受到被誤解、扭曲的不平。但不管他人的看法如何，張忠謀依舊堅持自己安身立命的價值和原則。

## 半導體業中最有貢獻者之一

因為這樣的嚴謹、高要求，張忠謀不是公認的可親長者。但是，如果沒有張忠謀，台灣的半導體業者要到哪一天，才有這種遠見和自信，堅持自己可以暫且放下設計這一環，先全力追求世界級的製造能力？又要到何時才能從海島型思維模式，經營出一個傑出的國際級企業？全球的半導體產業，如果少了「張忠謀來台灣」這一段，或許終究還是會發展出專業晶圓代工的商業模式，但是產業的進展就相對延後了。

因為對產業的影響和貢獻，張忠謀被遴選為「半導體業五十年歷史中最有貢獻者」之一、國際電機電子工程師學會（IEEE）頒給他首座 Robert N. Noyce Medal 獎章，此外，受惠於晶圓代工影響最深的全球IC設計委外代工協會（Fabless Semiconductor Association，FSA），也頒給他「第一座模範領導地位獎」。台積電和張忠謀本人，都是台灣產業發展史上不可或缺的要角。

歷史會留下屬於張忠謀的一頁。

# 半導體教育大師　施敏

▲ 樂於作育半導體英才的施敏。
（劉純興攝影）

**【施敏小檔案】**

生年：1936 年

學歷：台灣大學電機系學士、美國華盛頓大學電機系碩士、美國史丹佛大學電機系博士

經歷：任職美國貝爾實驗室研究，交通大學電子工程系教授、電子與資訊研究中心主任，中央研究院院士、美國國家工程院院士；現任交通大學「聯華電子講座」教授兼「國家奈米元件實驗室」主任

在國際半導體界，施敏是赫赫有名的大師。他在 1967 年發表的浮閘（Floating Gate）記憶體，是快閃記憶體（Flash Memory）製造技術的基礎。快閃記憶體是行動電話、MP3，和俗稱「大拇哥」隨身碟等可攜式資訊產品的關鍵零組件，一直是最熱門的半導體產品之一。

施敏在 1969 年出版的《半導體元件之物理》更是半

導體界的聖經。這本書陸續被譯成六種語言，在四十多個國家發行，只要是研修半導體相關課程的人，幾乎都讀過這本書。

寫書也愛教書。施敏總計向貝爾實驗室申請五次留職停薪，返台到交大、台大、中山等大學開班授課。台灣最早的三位工學博士，張俊彥（交大校長）、陳龍英（交大副校長）、褚冀良（中科院大型國防計畫主持人）都是他的學生。

## 半導體人才的啓蒙大師

「他的教學和他寫的書，對台灣半導體人才的啓蒙和教育影響非常大，」當年和施敏在交大半導體實驗室共用一個小辦公室的胡定華，相當推崇施敏。「他回來搭了一座橋，讓我們可以同步了解國外最新發展，」宏碁集團共同創辦人施振榮，回憶在交大念研究所時，受教於施敏的收穫。

半導體理論較為生硬難懂，施敏都用例子來加以說明。如果電子的流動是自然的，施敏就比喻成水庫把閘門打開，水會自動流下來；如果不是自然的，他就會比喻成用馬達抽水。除了理論，施敏也常講一些半導體界的故事，都是他親身的經歷和看法。

「透過他，清楚看到前三十年及後三十年，所有過程一覽無遺，」鈺創科技董事長盧超群用「望遠鏡」形容施敏。在台大上過施敏的課後，盧超群走上半導體這條路，班上有一半同學也都做了相同的決定。

# 提攜人才不遺餘力　胡定華

▲ 工研院 IC 計畫主持人胡定華。
（劉純興攝影）

**【胡定華小檔案】**

生年：1942年

學歷：台灣大學電機系學士、交通大學工程碩士、美國密蘇里大學電機工程系博士、美國史丹佛大學管理科學碩士

經歷：工業技術研究院電子工業研究所所長，工研院副院長，創業投資商業同業公會理事長，旺宏電子、合勤科技、合邦電子、冠華科技、智威科技等公司董事長；現任建邦創業投資事業董事長

胡定華是將潘文淵草擬的計畫書，落實為自有技術、協助早期聯華電子和台積電等公司成立，進而發展出一個完整產業的靈魂人物之一。

工研院要進行IC計畫的時候，胡定華已經從美國取得博士學位歸國，在交大擔任電子工程系主任、半導體研究中心主任，並負責管理交大所有的實驗室。

他靠著毛遂自薦，擔任積體電路工業發展計畫的計畫主持人，帶領史欽泰（清大科技管理學院院長、前工研院院長）、曹興誠（聯電集團榮譽董事長）、章青駒（華邦電子副董事長）、陳碧灣（台灣光罩總經理）、曾繁城（台積電副董事長）、楊丁元（福華先進微電子董事長）、蔡明介（聯發科技董事長）等，當時平均年齡為二十八歲的優秀工程師們。胡定華對IC計畫成員適人適所的工作安排，也影響這些重量級人物的一生。

## 落實計畫的靈魂人物

他明確的將「扶植一個產業」的計畫目標，落實到每日的工作中，也讓所有員工都知道，將來有一天，他們要出去外面「做生意」。胡定華把原先的實驗室，轉型為小型量產工廠；他用利潤中心制，讓同仁學會看財務報表，讓大家雖然在工研院上班，感覺卻像是在經營公司。這些初期的領導和做法，對於日後IC技術在台灣生根的影響非常深遠。

胡定華在1988年辭去工研院副院長職務，投身於創業投資，繼續提攜後進。先後創立旺宏、合勤、冠華、新采及合邦等技術原創性非常高的公司。

## 最資深的工研院長　史欽泰

▲ 致力扶植台灣 IC 產業的史欽泰。
（劉純興攝影）

【史欽泰小檔案】

生年：1946 年

學歷：台灣大學電機系學士、美國普林斯頓大學電機博士

經歷：工業技術研究院電子工業研究所所長，工研院院長；現任工研院特別顧問，清華大學科技管理學院院長

史欽泰是 1976 年赴 RCA 受訓團隊的領隊之一。

回台灣參加 IC 計畫之前，史欽泰已經在加州聖地牙哥工作。他下飛機的第一件事，不是回台南老家，而是到工研院的 IC 計畫報到。對於自己回台灣的這個決定，史欽泰常說：「當時太年輕，不知道怕，也不計較。」

史欽泰是 IC 計畫成員中，第一位榮獲全國優秀工程師獎章的科技人才。從RCA訓練回來之後，就擔任電子所工程部經理，之後一路晉升爲電子所所長、工研院院長、工研院特別顧問、清大科技管理學院院長。也是到目前爲止，工研院任職最久的院長。

## 「工程師型」領導人

史欽泰親身參與聯電、台積電、台灣光罩、世界先進等公司的衍生過程，爲台灣半導體產業立下一個又一個里程碑；也經歷過電子所30%的人事流動率。各形各式來自業界的召喚和輿論對工研院角色定位的質疑，都不能動搖他一開始就委身的使命：爲台灣扶植一個完整的IC產業。

他平易近人的作風，是台灣半導體界「工程師型」領導人的典範。史欽泰於2004年擔任清華大學科技管理學院院長，繼續從事長期、深耕的志業。

# IC業界的智多星　曹興誠

▲ 帶領聯電一路攀升的靈魂人物曹興誠。（照片提供：聯華電子）

**【曹興誠小檔案】**

生年：1947年

學歷：台灣大學電機系學士、交通大學管理科學研究所碩士、美國紐約科技大學榮譽工程博士、交通大學名譽管理博士

經歷：聯華電子副總經理，聯華電子總經理，聯電集團董事長；現任聯華電子榮譽董事長

曹興誠是工研院電子所IC計畫最早期的成員。在IC計畫提出之前，他服務於經濟部的技術評審委員會，當時的工作是協助聯工所等三個研究機構改組成立工研院（見「工研院從主導到淡出」，第145頁）。「1974年工研院的電子中心成立，我就對胡定華說我願意加入，」曹興誠自願投入，成爲IC計畫創始成員之一。

1981年加入聯電之後，曹興誠歷任聯電副總經理、

總經理、聯電集團董事長、榮譽董事長，是聯華電子的靈魂人物。他以靈活的策略手段和迅雷不及掩耳的速度，讓聯電從一家IDM公司，轉型爲旗下擁有多家IC設計業者，和跨國晶圓專工廠的集團，之後再將五座晶圓廠，整併回聯電。聯電晶圓專工的規模僅次於台積電。

## 足智多謀不遜曹操

在曹興誠的推動之下，聯電率先施行員工分紅入股制，之後成爲業界常規。這個制度成功的吸引海內外精英。而這些人才的加入就像不斷添入的薪火，讓產業燒得火旺。

台灣IC產業如果少了曹興誠，應該會失色不少。他的足智多謀，不時爲業界添加膾炙人口的急智故事。大家也常拿他的謀略，與歷史人物曹操相比。曹興誠興趣相當廣泛，樂在研究人類歷史、地球生態、武俠小說與圍棋的攻防之中。工研院電子所的IC產品商標（CIC）與早期聯電的企業識別標誌，也都出自曹興誠之手。

曹興誠於1999年榮獲台大電機系傑出系友。因爲財報事件、蘇州和艦案等討論，於2006年辭去聯電董事長職位，由董事會授予榮譽董事長。

## IC 訓練計畫總領隊　楊丁元

▲ 積極推動矽智財產業的楊丁元。
（劉純興攝影）

**【楊丁元小檔案】**

生年：1948 年

學歷：台灣大學電機系學士、美國史丹佛大學管理科學碩士、美國普林斯頓大學電機博士

經歷：美國哈里斯半導體公司工程師，工業技術研究院電子工業研究所副所長，工研院企劃推廣處處長，華邦電子總經理、副董事長；現任福華先進微電子、優網通國際資訊、捷耀光通訊、創傑科技及源捷科技等公司董事長，SOC 推動聯盟主席

楊丁元取得博士學位時，台灣的IC計畫尚未開展。他先加入知名的半導體業者哈里斯半導體（Harris Semiconductor）公司，因緣際會先後任職於IC製程和IC設計部門。

旺盛的好奇心和求知欲，促使他不分晝夜的工作，並要求工廠的技工讓他操作所有的儀器和設備，快速累積產品開發的完整經驗。在哈里斯短短十三個月的任職期間，他從一無所知，破紀錄的獨立開發完成一顆2微米製程、非常先進的高速1K SRAM，並驗證成功。

所以在1975年底，顧問們正式與楊丁元面談時，他們眞的是喜出望外！面談結束，潘文淵在面談表上寫：此人可以擔任IC訓練計畫的總領隊和經理。也因此，楊丁元結束了這一生僅有的十三個月工程師生涯，從此進入管理階層。

辭職時，哈里斯的主管問起離職原因，楊丁元說：「我要回台灣參加一個歷史性的事件。」

## 具前瞻眼光的企業家

1987年，在台積電成立之後幾個月內，楊丁元集結了一群工研院同仁，找了華新麗華等業者出資，成立華邦電子，並先後擔任總經理與副董事長等職，直到2001年底。之後創立福華先進微電子，繼續展現他對IC事業的熱情。

楊丁元是相當具前瞻眼光的企業家。他推動矽智財（Silicon Intellectual Property，SIP）產業、主持「SIP推動聯盟」（之後更名爲「SOC推動聯盟」）與世界接軌、提出「資訊家電」（Information Appliances）的產品概念，並在晶圓廠吸走大多數最優秀人才之際，協助政府在上市機制、獎勵投資辦法等方面，制定有利於IC設計業發展的各種方案。

第一章

# 矽說從頭

從 1976 年台灣派出第一批種子部隊赴美學習 IC 技術，
到三十年後的今天，
台灣的半導體產業已蔚然成林。
這個攸關台灣經濟發展，更牽動全球景氣的產業，
是在怎樣的一個時空背景下「矽入」台灣？
就讓我們一起回顧台灣現代化工業的發軔之初。

西元六世紀，唐朝玄奘大師去西域取經，歷時十六年回國，帶回佛典六百多部。他不但以佛法豐富中國文化、影響日本與韓國的宗教觀，也爲古印度佛教保存了珍貴的典籍。

場景移到二十世紀的台灣，類似的故事也在新的知識領域上演。台灣先後共派遣了三十多位工程師，到西方學習新電子技術，總學習時間達二十七人年。所學和之後的發展，小至豐富了你我的文化和生活樣貌，大至加速了全世界產業結構的變化。

這就是膾炙人口的台灣引進IC技術的故事。

2005年初，美國半導體產業新聞網站Silicon Strategies的編輯群公布了二十位「年度最值得關注的IC公司執行長」名單，建議讀者從這些領導人的策略做法中，觀察最近一波景氣循環趨勢。這份連世界最大半導體公司英特爾（Intel）的執行長都無緣上榜的名單，卻單單在專業晶圓代工這個領域就列出三位領導人，包括張忠謀、胡國強、張汝京。榜上有名的還有台灣IC設計業的蔡明介與封裝測試業龍頭張虔生。

在IC產業這個蒼鬱森林之中，儘管有許多一甲子的大樹，但台灣卻是最有看頭的主題區之一。這些人所帶領的事業，都是IC製造過程中的一個環節。把上下游統統連起來，才相當於像英特爾這樣的統包公司——這是台灣IC產業最獨特之處。

從1976年去西方學習IC技術到2005年的三十年間，台灣對全球產業景氣的影響力已經從零，一路發展到舉足輕重。

這個產業是怎麼開始的？經歷過哪些轉折？

為什麼同時期、同受政府扶持的其他產業，沒有做出相當的成績？

半導體產業抓住了哪些發展契機，和下游資訊電子產業一起壯大，帶出了台灣獨步全球的電子製造業？

就讓我們站在產業發展三十年的里程碑面前，細說台灣的半導體故事。

# 1

# 織一張產業鏈結網

「以IC計畫提升台灣的電子工業。」

～TAC顧問　潘文淵

2006年，全球任何一家資訊用品店裡陳列的筆記型電腦，每五台之中有四台是台灣業者生產的；幾乎所有桌上型電腦的主機板、無線網路卡、光碟片都是台灣廠商製造的。在消費性電子產品的展示架上，近半數的數位相機也出自台灣廠商之手。

這些電子產品靠上游的半導體，表現出各種多樣化的功能。台灣的半導體產業包含IC設計、製造（包括晶圓代工）和封裝測試等業者；IC專業晶圓代工服務擁有世界七成市占率，全球最大的IC封裝測試服務業者也在這裡。台灣的五家IC設計公司，更已躋身全球前二十大的排名。

經過幾十年的發展，台灣的電子產業上下游已經連成一氣，織成一張嚴密、富彈性的產業鏈結網，成爲全球電子工業的重要一環，也是引動潮流的重要推手之一。

## 台灣半導體產業鏈結網

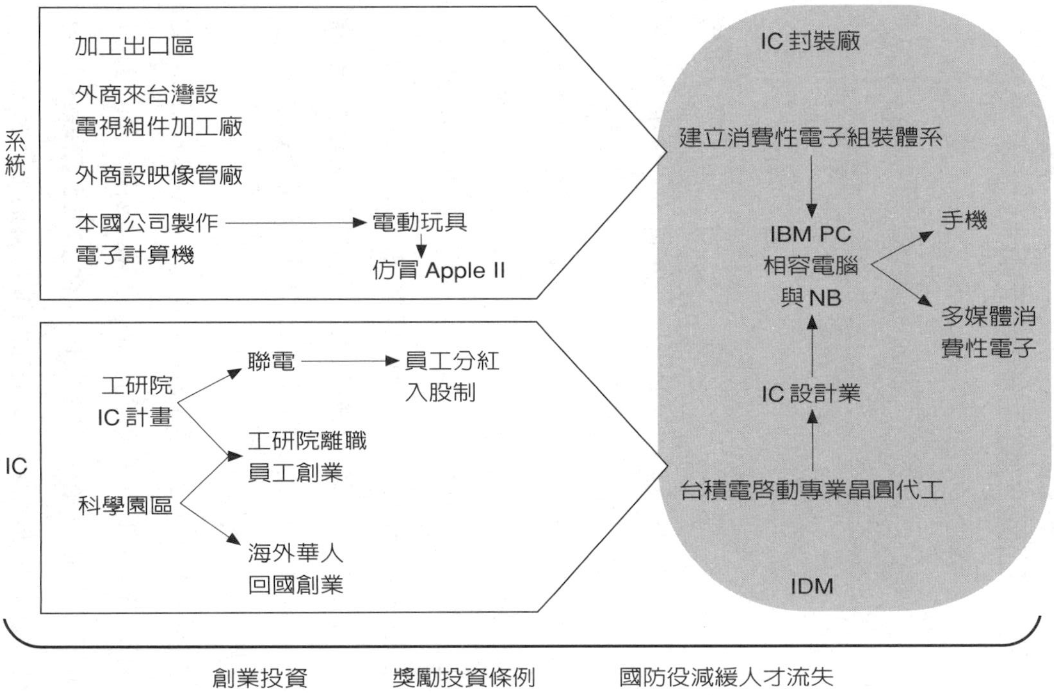
系統
加工出口區
外商來台灣設
電視組件加工廠
外商設映像管廠
本國公司製作
電子計算機
電動玩具
仿冒 Apple II
IC
工研院
IC 計畫
聯電
員工分紅
入股制
工研院離職
員工創業
科學園區
海外華人
回國創業
IC 封裝廠
建立消費性電子組裝體系
IBM PC
相容電腦
與 NB
手機
多媒體消
費性電子
IC 設計業
台積電啓動專業晶圓代工
IDM
創業投資
獎勵投資條例
國防役減緩人才流失

## 加工出口區，奠定組裝技術

第二次世界大戰之後，台灣因位居台海的戰略位置，在1950年代每年獲得1億美元的美援，以協助台灣防禦台海安全。不久，美國人發現，台灣政府花太多錢在國防上，使得增加的國民生產毛額幾乎被政府開支所抵銷。在全世界十三個接受美援的國家中，台灣運用美援所產生的效益排名倒數第二，只略優於菲律賓。要不是有美援，台灣的經濟幾乎在原地踏步。

受到美國的壓力，再加上內需市場太小，政府開始推動出口工業。透過設置加工出口區、實施「獎勵投資條例」，簡化、鬆綁了在稅制、土地、申請手續等方面阻礙投資意願的規定，由李國鼎負責向國際業者招商。

這時，全球電子業的長程發展已經啓動。台灣的做法，適時的吸引了國際業者來這裡設電視機零組件製造廠以及映像管的裝配廠。

1974年，當美洲技術顧問團（TAC）顧問潘文淵向當時的經濟部長孫運璿提議發展IC技術，以期提升台灣電子產業時，當時的產業正在從加工出口區、外商裝配廠，學習摸索未來獨步全球的彈性製造能力。

## IC計畫，帶動電子業升級

「如何提升台灣的電子產業」是潘文淵對孫運璿的報告主題。潘文淵建議用IC計畫，帶動台灣的電子工業升級。當時最紅的高科技產品是電子錶。潘文淵建議由政府主導開發電子錶用的計時IC，再導入當時剛萌芽的台灣電子業進行組裝銷售。「如果能占到世界市場的10%，也是很可觀的，」潘文淵說。

後來，即使在是電子錶的全盛時期台灣也只拿到世界第三名，但是在IC製造技術方面表現良好。因而在1980年衍生了台灣第一家IC公司──聯華電子，並繼續投入VLSI（超大型積體電路）計畫，在1987年設立台積電。

## 環宇、三愛，資訊業的源頭

在另一方面，比IC計畫稍早個三、四年，台灣本地的業者已經開始組裝當時的另一個熱門產品──電子計算機。這些組裝業者是IC的下游、台灣資訊電子系統業者的鼻祖。

台灣的資訊電子產業版圖，可概分爲兩大體系。一個是由施振榮帶領的宏碁、緯創資通，以及宏碁第二代施崇棠開創的華碩、李焜耀的明碁（明基）電通；另一個就是從1972年成立的三愛電子發展出來的三愛體系，包括廣達、英業達、金寶、仁寶等一線筆記型電腦廠商。

施振榮和資訊電子領域的淵源可追溯至1971年任職環宇電子。環宇和三愛都是以生產電子計算機發跡的。台灣能成爲全球最重要的筆記型電腦生產基地，與很早便投入計算機生產有關。

## 從電玩機台到IBM PC相容機

1970年代後期，台灣街坊開始出現大型電動玩具機台。這些電玩機台或藏身廢棄空屋、或利用雜貨店掩人耳目。放學後，許多中小學生都會涉足其中。早期的宏碁也進口IC元件，供應給電動玩具組裝業者。

1980年代初期，內政部長林洋港大力取締電玩業者。這些電玩組裝業者一夕間面臨倒閉的危機。這時，美國的蘋果電腦（Apple Computer）已經在70年代末期，發展出八位元電腦──蘋果二號（Apple II），廣受使用者喜愛。由於蘋果二號並沒有特別的保護，設計的架構也相當精簡，讓台灣的電玩組裝業者得以另覓生存的出口——抄襲蘋果二號。但是抄襲風之熾惡，很快的被蘋果電腦知道，於是展開一連串國際訴訟行動。

另一方面，美商IBM公司看到蘋果二號的驚人成功，亟欲分食個人電腦市場。爲了快速普及，IBM在1981年推出開放架構的IBM PC。

在一場仿冒業者和經濟部工業局官員共商蘋果電腦國際訴訟因應對策的會議中，受邀參加的工研院電子所王輔卿大膽提議，台灣不要再抄襲蘋果二號了，應該轉而生產開放架構的IBM PC。只要付少許授權金，就可以正大光明的製造、銷售與IBM PC相容的個人電腦。

這提議讓人眼睛一亮。

## 以IBM PC相容機和IC接軌

1986年，IBM決定把個人電腦產品的專利，授權給台灣業者生產。這時，台灣的工研院電子所和宏碁電腦已經成功開發IBM PC相容電腦，再加上累積了二十年加工出口的裝配能力，和電玩組裝、蘋果二號電腦組裝的技術，台灣很快的成爲PC和周邊產品，如網路卡、監視器等產品的製造王國。

這些資訊產品裡會用到的IC零組件，若能在地採購，將更有利於控制成本和交貨週期。加上這時台灣的IC產業已經有些基礎了。台灣兩大高科技族群──資訊和IC ──的結合已是指日可待。

另一方面，新竹科學園區於1980年成立，園區裡出現了IC設計、製造公司，以供應PC所需的IC。而孵化IC設計業的台積電也於1987年成立了，啓動了產業成長的循環。

就這樣，台灣的IC產業逐漸發展出特有的形式：垂直分工的產業群聚。在傳統IC公司裡的IC設計、光罩、晶圓製造、封裝、測試等部門，到了台灣，變成了一家家獨立的公司，每家公司各司流程中的一環，彼此因著地緣的關係，很有效率的緊密合作。

台灣的資訊業和IC業群聚在一處，結合成影響全球的一股產業力量。

第二章

# 抓住「無中生有」的契機

在確立以「發展 IC 提升台灣電子產業」的方向後，
政府有哪些配套措施？顧問團有何建言？
執行單位有哪些計畫？種子部隊又該如何運作？
唯有準備周全，才能掌握「契機」，
進而開創新生機。

# 1

# 台灣有哪些發展半導體的條件？

「那時候他們都不懂，因為沒有背景知識。我記得曾繁城坐在第一排，聽得津津有味。」

～凌宏璋

1960年代是個豐富多元的年代。美國和蘇聯開始在太空領域上較勁、英國披頭四合唱團爆紅、性感美女瑪麗蓮夢露的魅力橫掃全球、「世紀之謎」美國總統甘迺迪遇刺事件發生在此時、文化大革命在中國大陸展開十年浩劫，不久之後越戰開打。這時的台灣，還處於動員戡亂時期；施明德在60年代初期，因涉入「台灣獨立聯盟案」，被判無期徒刑。

正當全球的政經、文化和科技，正紛紛嚷嚷的邁著大步變革之際，在新竹市博愛街的各級中小學之間，剛剛搬來了一所名爲交通大學的「新」學校。

## 交大，台灣半導體學術啓蒙地

當時中國大陸對外封閉，從大陸畢業的交大校友們苦於愛校的熱情無處依歸，不惜粉墨登場，用義演、捐款，加上在政府機構任職校友們的大力陳情，終於讓交大在新竹市博愛街上，這個比小學還要迷你的校區復校了。

復校之後，校友們對於交大教學重心的抉擇，也頗費心思的做了規畫。在美國發展的校友趙曾玨等人注意到「核子」和「電子」這兩項學門，對未來的影響層面最廣。當時清華大學已經在新竹復校，並且決定朝「核子工程」發展，所以交大就專注在「電子工程」上。

在1958年，交大首先設立了電子工程研究所。1964年，任職於西屋電器公司的校友凌宏璋熱心捐贈，交大獲得來自西屋電器的一組簡單的晶圓測試儀器，就這樣成立了台灣第一座半導體實驗室。在張瑞夫教授的指導之下，研製出台灣第一顆電晶體。同年又增設「電子物理學系」及「電子工程學系」，進一步聚焦在「半導體」領域。第二年，交大自製成功全國第一枚積體電路，埋下台灣發展半導體的第一顆種子。

爲了與世界接軌，交大數度聘請國際知名的教授，如美國貝爾實驗室的施敏等人，回台灣講學。張俊彥受到二二八事件的牽連，被限制出境，不能出國攻讀博士學位。曾極力協助交大復校的中央研究院院士朱蘭成、王兆振認爲，念博士不一定要跑到外國去。因緣際會之下，現任交大校長張俊彥就成了施敏在台灣的第一位學生，更是首位本土工學博士，在取得博士學位之後，也留校教書。

多年來，張俊彥教過的學生超過千人，當今國內半導體界很多名人，如聯電集團榮譽副董事長宣明智、台積電副董事長曾繁城等，都上過他的課。宣明智曾打趣的說：「如果科學園區有所謂的『交大幫』，大概都被張俊彥教過。」

施敏和張俊彥不但開半導體教育的先河，也是產業的先驅。台灣最早期的三家半導體公司，都與施敏、張俊彥有關：施敏成立環宇電子，而張俊彥則創立萬邦電子與集成電子。

## 美台中國工程師學會的結合

1965 年 7 月 15 日凌晨十二點十五分，美國紐澤西潘文淵家裡的電話鈴聲大做，劃破了周遭寂靜的氛圍。潘文淵被驚醒，老大不情願的爬起來接電話。

話筒那頭傳來既熟悉又遙遠的聲音，「老潘啊，我是費驊！」

時任交通部次長的費驊，因公出差到加拿大。當時他剛接任「中國工程師學會」總幹事，為了滿足台灣年輕工程師渴望學習新科技的需求，他想到當年上海交大的老同學——擔任「紐約中國工程師學會」會長的潘文淵，一定可以幫一點忙。

潘文淵在大學時代就常主動組織同學們打籃球、足球，來增進大家的感情，到了紐約，倒是改當起會長來了！費驊想起當年在學校的往事，嘴角不自覺的上揚了些。迫不及待的拿起電話就撥到潘家。

「你們這些留美的工程師們，可以怎麼幫助台灣？」費驊在電話那頭問了個簡短的問題。

從睡夢中被叫醒的潘文淵剛回過神來，就被問了個大哉問。他認真的想了好一會兒說：「我們到台灣辦個現代技術研討會好了！」

於是，兩人約了十二個小時之後，在紐約市的陶陶酒家共進午餐，討論台美兩地工程師學會的合作雛形。

這個想法在一年之後，落實成在台北中山堂開幕的第一屆「近代工程技術討論會」（Modern Engineering and Technology Seminar，METS）。藉著METS，華裔工程師們可以將先進的技術和知識引介到台灣，讓台灣的工程師了解先進國家正在忙些什麼有趣的新技術。

◀ 1966年，第一屆「近代工程技術討論會」在台北中山堂開幕。
（照片提供：工研院）

## METS ，接軌先進科技之橋

1966年6月27日，第一屆近代工程技術討論會開幕，總統蔣中正還親自接見這些講員。有很長一段時間，每兩年舉辦的METS ，成了台灣工程師學習先進工業技術的最重要管道。

許多自願從美國來講習的中國工程師學會會員，是第一次踏上台灣這塊土地。他們向公司請幾個星期的長假，自己支付一半的旅費，遠道來台主講專業領域的技術發展，一次上兩個星期的密集課程，幾乎是從頭教起。

爲什麼這些工程師願意自掏腰包、主動爭取來台講習的機會？爲什麼他們願意花自己的時間和精力，準備整整兩個星期的上課內容，請長假，遠渡重洋來到一個從沒有來過的地方，對一群不認識的人傳授知識？

「肯定是因爲愛國！總是希望祖國能出頭啊！」中央研究院院士凌宏璋斬釘截鐵的回答。

「那時候他們都不懂，因爲沒有背景知識。我記得曾繁城坐在第一排，聽得津津有味，」在1968年METS期間，第一次來台灣的半導體專家凌宏璋笑著說。

在沒有傳眞機、網際網路、行動電話，國民所得只有150美元的60年代，台灣工程師只能從拮据的經費中，挪出一筆錢來，訂閱延遲幾個月才收得到的原文雜誌，透過雜誌報導才得以了解先進國家的科技發展。這時開展的近代工程技術討論會，一次邀集多位高科技領域的精英，回台灣做密集的短期講習，面對面傳授最新知識，及時解答大家的疑惑。對工程師而言，這不啻是上帝打開的一扇寶貴之門，通往成長、進步和希望。

嚴家淦在擔任行政院長和正副總統任內，必定親自主持 METS 開幕式或閉幕典禮，他說：「使國內外學人相互切磋、更上層樓，是在美國的工程師們最偉大的貢獻，也是我國進入尖端科技領域，達成工業升級的主要依據。」十足的肯定「近代工程技術討論會」對早期台灣工業技術發展的珍貴價值。

# 2
# 台灣早期的半導體公司都不成功

「後來我才知道我們是和美商的二級品競爭。如果萬邦、集成把主力放在這裡，公司就沒有未來性了！」

～宣明智，擔任集成電子經理時

1966年，配合出口導向的台灣經濟發展策略，全世界第一個加工出口區在高雄成立。

## 外商來台設廠，開啓產業先河

同年，從美國矽谷半導體產業的始祖快捷（Fairchild）衍生出來的GME （General Micro Electronics）公司，申請進入加工出口區，就是高雄電子（高電），從事計算機、電子琴晶片的裝配和測試，是台灣第一家關於半導體的工廠。之後，陸續有跨國公司的封裝測試廠，如飛利浦建元（1969年）、德州儀器（1970年）等外商進駐台灣，開啓半導體產業的先河。

封裝技術屬勞力密集的手工焊接和包裝，但外商公司完整的人才培訓制度、精密昂貴的測試設備，對當時的台灣來說，是既先進又新鮮的。

高電甫成立，就到當時唯一設有電子研究所的交大做校園徵才，網羅邱再興（現任繼業企業董事長，鳳甲美術館創辦人）成爲創始員工。雖然高電只做晶片封裝和之後的測試，母公司還是送邱再興到美國去接受完整的IC製程訓練，並且安排他去香港、日本參訪。完訓回台之後，邱再興招兵買馬，成爲中堅幹部。蔡明介（聯發科技董事長）、宋恭源（光寶科技董事長）從台大、交大畢業之後，都曾在高電服務過。

加工出口區整齊劃一的裝配線，象徵台灣的經濟起飛，曾經在電影院的國歌影片中出現很長一段時間。這些裝配、營運的經驗，也奠定了日後台灣獨步全球的彈性製造能力的基石。

有了外資封裝測試廠進駐，台灣本土業者也嗅到向國外業者承攬封裝的商機。陸續在加工出口區設立了老牌的國資封裝測試廠，如華泰電子（1971年）、菱生精密工業（1973年）等，確立了中南部以加工出口區、封裝業爲主的半導體產業基礎。

多年以後，加工區內的飛利浦建元，因爲母公司飛利浦投資台積電，也成爲台積電的創始股東之一。

## 環宇電子，從樣板到賣掉收場

在高電服務三年之後，邱再興被交大的老師施敏找回新竹，在竹北成立環宇電子，獲得彰化紡織大亨的資助。環宇從IC晶圓測試、切割、封裝測試開始，策略是從後段出發，往前段的電晶體製造發展。在高電表現不俗的邱再興，果眞將環宇經營得有聲有色，除了半導體之外，產品還包括磁性記憶體和呼叫器系統。此外，環宇還常是國外貴賓來台灣訪問時，必定參觀的「成功樣板」。

施振榮的第一份工作，就是在環宇負責記憶體專案，之後才轉做計算機。這段經驗似乎讓施振榮對記憶體事業，存有一抹未盡的情愫。預示日後德碁半導體的成立，以與二十幾年前的環宇遙相呼應。

環宇諸多產品中，最成功的是1972年率先在台灣推出電子計算機。「那時的計算機只有加減乘除，一台賣8000元（相當於200美元），大家排隊來買，生意好得不得了！」邱再興回憶。

在1972年，國立大學一學期的學費是1990元，一位生產線作業員的月薪是2000元。以當年的國民所得和製造成本而言，一台售價8000元的計算機，還賣到讓客戶排隊來買，算得上是暴利了，也吸引股東的親戚介入經營。這場風波最後以分割公司收尾——將環宇的計算機部門獨立成榮泰電子，由這位親戚接手經營。

邱再興常常一個人走在夜深人靜的路上，自我期許將環宇經營成「台灣的飛利浦」。但是經過這場風波之後，他終於體認，不論自己經營得多賣力、多成功，在別人的家族企業裡，終究只是個卒子。灰心之餘，在1973年底剛好有個機會，邱再興順勢以相當於八倍淨值的200萬美元，將分割後的環宇，賣給美國客戶ITT公司。（註：三年之後的1976年，台灣向美國公司移轉IC技術的授權費是250萬美元。從這個參考數字，就知道環宇200萬美元的賣價有多高了！）

1969年公司剛成立時，施敏向股東爭取到兩人各10%的技術股。但是到了「結帳」的時候，股東辯稱當初這些錢是借給施敏與邱再興的，他們也只好摸摸鼻子算了。

環宇雖然以賣掉收場，但是它可說是台灣資訊電子業的濫觴之一，包括後來的宏碁集團，其創辦人施振榮入行的源頭都可上溯到環宇。

環宇的另一大貢獻是將國外公司的封裝測試經驗、管理規範、品管制度等，運用在台灣的自有事業上。之後成立的封裝測試公司也採用幾乎和環宇相同的規章制度。

## 萬邦與集成，產品缺乏競爭力

就在環宇成立後幾年，張俊彥也找到投資人，在1971年成立萬邦電子；不久後，也是因爲投資人的介入而離開。張俊彥離開萬邦後，再度集資數千萬元，創立集成電子。這兩家都是做電晶體的公司，張俊彥在萬邦時擔任總工程師，創立集成之後，則擔任總經理。

萬邦、集成都沒有長久經營下去。

當年萬邦和集成生產的電晶體，主要用在口袋式收音機、音響等產品上，這時台灣消費性電子的市場才剛起步，市場很熱絡。「但是，後來我才知道我們是和美商的二級品競爭。這些美國國防用電晶體淘汰下來的次級品，雖然達不到軍用規格，但還是可以用，所以賣到消費性的市場來，」當年在集成負責業務和管理工作的宣明智指出。

「對美商而言，這些次級品是沒有成本的，賣一個就賺一個，遇到競爭只要降價就好了。但是如果萬邦、集成把主力放在這裡，公司就沒有未來性了！」現任聯電集團榮譽副董事長的宣明智感謝張俊彥的重用，讓他涉獵多重領域，因而儘管只服務了一年，仍能對集成定位上的問題，做出準確的判斷。

## 貢獻在人才

這些早期公司的經驗並不美好，除了產品技術缺乏競爭力之外，出資人對高科技產業的高投資、高風險、高報酬等特性，都還相當陌生。他們的經驗，暫停了大家在半導體方面的投資。然而，「人才」卻是這些早期公司對於之後由台灣政府出面，引進IC技術的最大貢獻。

這三家公司都由教授領軍，並且設在新竹，正好延續交大畢業生在半導體方面的學習。此外，萬邦、集成都是擁有分離式元件晶圓廠的公司，成爲吸納半導體工程師的最佳場域。曾繁城、宣明智、劉英達（前聯電總經理），和戴寶通（現任國家奈米元件實驗室副主任）等當年沒有出國深造的人才，就都曾分別在萬邦與集成工作過，爾後再加入工研院的IC計畫。

### 小辭典

**半導體**是介於導電和不導電之間的物質，因為它的導電性可以控制，被廣泛應用在電路設計上。半導體的「導電」和「不導電」兩個狀態，剛好對應開和關、1 與 0 。工程師靠著這兩個狀態，可設計出電路結構，執行複雜的運算。
以半導體為材料，可以製造出個別獨立的電晶體和二極體、電阻、電容，以及將這些元件整合在一起的 IC 等。

**電晶體**是積體電路（Integrated Circuits ，IC）的組成元素之一。

**積體電路**（IC）把數百顆、甚至上千萬顆電晶體、二極體、電阻、電容等元件，以及連接這些電晶體的複雜線路，全部製造在一片比指甲還小的矽薄片上。
在半導體的發展歷程中，IC 很快成為最主要的半導體產品，占近九成以上的比例，所以大家常常把 IC 和半導體當成同一回事。但是精確的說，半導體是一種材料，它的範圍比 IC 廣。

# 3

# 台灣爲何想發展IC？

「我們在科技發展方面，要找一個具突破性的項目來做，你去研究、研究，這項目愈大愈好。」

～蔣經國對費驊說，1973年

黎明前的天空總是最黑暗的，氣溫也是最低的。對台灣來說，1971年到74年就是這樣一段關鍵時刻。

1971年，推動十餘年的出口導向政策終於顯出效應，台灣對外貿易首次出現順差。但在外交上，卻接連受挫，先發生釣魚台事件，之後中華民國宣布退出聯合國。

第二年，美國總統尼克森訪問中國大陸，雙方簽署《上海公報》。接著日本首相田中角榮訪問大陸，台灣與日本斷交、斷航。外交的失利，拖累了經濟。長期倚賴日本的台灣工商業，遭到嚴厲的打擊。

1973年的全球性石油危機，讓景氣頓時陷入蕭條。物價飛漲、搶購囤積蔚爲風潮，連雜貨店的衛生紙都被一掃而空。爲了提振民心、並朝向重工業發展，剛上任的行政院長蔣經國決定向外巨額舉債，用五年的時間完成十大建設。

## 推動十大建設，擴張內需

十大建設共投入新台幣1900多億元，光是花在建造高速公路、國際機場、國際港口等交通相關建設的費用，就超過千億。對於蔣經國以大幅舉債投入十大建設來擴張內需的魄力，經濟學家只能說，這是政治家的手腕。因為以經濟學的角度來看，這麼做是很危險的。

費驊當時是行政院祕書長，也兼任中國工程師學會理事長。1973年10月的某一天，蔣經國把費驊找來，對他說：「我們在科技發展方面，要找一個具突破性的項目來做，你去研究、研究，這項目愈大愈好。」

蔣經國知道，推動台灣進步的下一個動作，就是要靠執行一個影響層面深遠的大型計畫，來充分運用這十大基礎建設，進而帶動台灣經濟發展。

費驊立即找來兩位專家共商大計。國內找的是當時的電信總局局長方賢齊，國外找的是潘文淵。這時潘文淵已是METS的靈魂人物，也是交通部顧問。這三位專家都是上海交大的前後期同學，在交大復校時，大家已經做過研判，對「電子」的全面性影響，早已有共識。但是要從何處著手，來扶植台灣的電子產業呢？

## IC ，電子產業關鍵零組件

潘文淵親自來到台灣，花了幾個星期的時間，實地走訪主要的電子業者做產業調查。潘文淵發現，台灣一般的電子業仍然靠相對廉價的人力，從事組裝的業務。但是，這種勞力成本上的相對優勢，很快會被鄰近更廉價的東南亞各國所取代。台灣的電子產業升級，已經勢在必行了。但是該如何幫助這樣的電子產業向上提升呢？

在美國，只要是從事電子產業的人都了解IC對未來的巨大影響。以後所有電子產品都不可或缺的關鍵零組件，就是IC。當台灣擁有關鍵零組件技術之後，整個電子產業會從勞力密集，轉爲技術密集，所創造出來的價值自然不同。

靠著電子產業的廣大應用和影響層面，才有可能充分運用十大建設完成的各項基礎建設，進而帶動社會的繁榮成長。

分析到這裡，潘文淵已經胸有成竹，預備好向台灣政府提建議了。

# 4

# 在豆漿店提出的產業大計

「這要花多少錢？」潘文淵稍微躊躇後伸出一根手指頭，孫部長問：「這是多少錢？」潘文淵說：「1000萬美元。」

～潘文淵粗估IC計畫規模

1974年2月7日早晨，台北市懷寧街上的一家早餐店。店門口招牌上寫著「小欣欣豆漿店」，門口的蒸籠正呼呼的冒著熱氣。店裡賣的是豆漿、1塊5毛錢一套的燒餅油條，還有小籠包、油豆腐細粉等中式點心。店裡的後牆邊有一道狹小的樓梯，通往二樓。樓上放了幾張大圓桌，上面鋪了乾淨的桌布，算是貴賓席了。這天早上，二樓坐了一桌客人。

費驊、方賢齊、潘文淵等三位剛剛替台灣電子產業把過脈的專家，和當時的經濟部長孫運璿、交通部長高玉樹、工研院院長王兆振、電信研究所所長康寶煌等七人，圍著其中一張大圓桌，一邊用早餐，一邊爲台灣擘畫電子之路。

## 發展 IC 產業，時間就是一切

潘文淵首先報告他來台灣實地考察的見聞和建議。他分析，台灣的電子工業已經到了應該從勞力密集，升級到技術密集的時候了。而「IC」是電子工業中最關鍵、影響層面最廣的，有機會在 1980 年以後，爲台灣電子工業創造最大的附加價值。

「該如何發展 IC 產業呢？」潘文淵自問自答：「時間就是一切，最好從美國引進技術，以節省時間。」美國是 IC 技術的發源地。

「至於引進技術之後該做什麼產品呢？」潘文淵最看好兩年前才問市、一支價格高達 300 美元的電子錶。

他並準確的預測，在六、七年之內，技術的發展將使一支具多功能的電子錶的售價，降到 25 美元以下。這樣低廉的價格，必定市場大開，台灣只要占有其中 10% 的市場就相當可觀了。（註：潘文淵對電子錶價格的預測可謂神準。到 1980 年，電子錶的售價果眞在 25 美元上下。乍看之下，會驚服於他的神機妙算，但他的神準其實是根據「摩爾定律」的。）

同時，潘文淵分析，不論成敗與否，儘速進行 IC 的研究發展將有助於提升台灣電子產業的水準，讓電子業有希望超越紡織業，成爲台灣進出口金額最大的產業。如果計畫執行成功，將在1980年以後對台灣經濟產生巨大影響，同時這將是台灣技術層次的爆發性發展。

## 四年1000萬美元

這些分析果眞讓孫運璿眼睛一亮，他連續問了幾個問題。

「要多少時間才能讓這個技術在台灣生根？」潘文淵很快的回答：「四年」。

「這要花多少錢？」潘文淵稍微躊躇後伸出一根手指頭，孫部長問：「這是多少錢？」潘文淵說：「1000萬美元。」

當時，1000萬美元相當於新台幣4億元。即使有蔣經國「愈大愈好」的授意，但投入的資金愈多，所擔負的責任也愈大。不過，孫運璿仍愼重的點點頭說：「可以！」決定擔下一切後果。

緊接著孫部長又再問：「這技術要怎麼買？買錯了怎麼辦？」潘文淵以堅定的口吻回答：「在美國有一批學有專精的海外學人，可以組成一個技術顧問委員會，來協助台灣做技術引進的評估。」

孫部長相當滿意，問了最後一個問題：「該由誰來辦這件大事？」潘文淵略做思考後回答：「大計畫絕不能由委員會做，由電信研究所或剛成立的工業技術研究院來做，應該錯不了。」

## 一頓早餐，衍生一座產業叢林

這頓早餐，共花了新台幣300元，由孫運璿、費驊、高玉樹三人共同買單。七巨頭以一頓早餐的代價，爲台灣的電子產業定下往後發展的方向。就在這頓早餐的兩年之後，IC計畫籌備完成，正式付諸執行。

## 摩爾定律

英特爾的協同創辦人摩爾（Gordon Moore），在1965年發表知名的「摩爾定律」。當時CMOS（互補式金屬氧化物半導體）製程技術還沒有發明，但是摩爾定律卻神奇的預測了未來以CMOS製程為主的IC複雜度，將以兩年倍增的速度進步（之後加速為一年半），但價格卻維持不變。意思是說，同樣的IC產品，每過兩年，售價會自然腰斬。

摩爾定律像個緊箍咒，圈住了IC製程的演進速度。可想而知，一旦進入這樣的一個產業，只要在每十八個月更新的技術開發上，稍有一個踉蹌，就會錯失了當紅的、利潤最高的主流市場，把領導地位拱手讓人。

# 5

# 以IC製造為主的產業發展雛形

「大公司不做CMOS，而我們做，結果這樣對台灣很有利。如果當時去做NMOS，我們會多花掉好幾年。」

～凌宏璋談選擇CMOS技術

1974年7月，潘文淵把自己關在台北圓山大飯店的五〇八號房裡十天，將年初在小欣欣豆漿店裡的提議，先寫成英文版的「積體電路計畫草案」，定稿之後再翻譯成中文。

一天，潘文淵房裡的電話鈴響了。

來電者是個年輕博士，他自稱從老師王兆振那裡，聽到有關於積體電路計畫的事。「如果你找得到這種人，我就跟；要不然就是我了！」年輕人說，他知道計畫書還沒寫好，但是他想當計畫主持人。

潘文淵被這突如其來的「候選人」嚇了一跳，回過神來之後，相當欣賞他的勇氣和自信。這年輕人名叫胡定華，後來真的當上了IC計畫主持人。

## 產業大計，一天內通過決行

每天一早，方賢齊、王兆振、康寶煌就來共進早餐，開始一天的討論。胡定華、厲鼎毅等人也常來。大家熱烈加入討論，協助潘文淵完成這份草案。

經過計算，台灣發展IC技術的初步投入是1200萬美元。計畫草案很快就被呈送到孫運璿手中。計畫書中雖然沒有描繪未來的產業樣貌，但從經費的分布和大家建立的共識中，隱然揭櫫台灣IC產業以「製造」爲重的方向。計畫的目的，是讓台灣研發價廉質優的電子錶IC，成功之後，將技術移轉到民間。

事後，潘文淵回憶：孫部長上午十一點收到草案，當天下午兩點就召開一個專案會議。傍晚時，草案已經決議通過。孫運璿在下午六點做了結論和分工：「1200萬美元是一大筆數目，但我會負責。在美國的一切準備動作要開始進行，請潘文淵儘快成立技術顧問委員會。國內部分，則由方賢齊負責。」

一天之內通過1200萬美元（相當新台幣4億8000萬元）的大案子，是個凸顯威權政治時代政府效率的事例，同時，也代表這些主事者有肩膀承擔任何後果。

## TAC 協助篩選技術授權者

美國方面，不出兩個月，在孫運璿的見證之下，由潘文淵召集的美洲技術顧問團（TAC）七人小組成立。

TAC 顧問團的第一項工作，是建議台灣該發展的技術，以及技術移轉的伙伴。他們先篩選出企業形象較佳、移轉成功率較高的業者，並與熟識的美國業者先行討論。之後，寫成正式的技術合作邀請函，在 1975 年 2 月，由經濟部具名，向美國十四家半導體公司發出邀請。

三個月之後，共有七家美國業者提出完整的計畫書，內容各擅勝場。

測試設備公司 MacroData 總裁毛昭寰顧問主動建議了評估重點。從（1）對方預計投入的人力，是否擁有第二資源，移轉技術之後，是否還可進一步幫助台灣 IC 產業成長；（2）對方願意移轉給台灣的技術範圍和層次；（3）費用；（4）該公司的誠信；以及（5）台灣是否對這家公司具誘因和控制力，讓對方儘可能保證技術移轉成功等幾個面向，進行篩選和磋商。

經過討論後，TAC 共篩選出通用儀器（General Instrument，GI）、快捷半導體（Fairchild

Semiconductors）、美國無線電公司（Radio Corporation of America，RCA）和休斯公司（Hughes）等。其中，快捷半導體要價1200萬美元的技術移轉費用，正是整個IC計畫的經費，而且只願意訓練七位工程師，已不被列入考慮。GI不具備顧問最看好的CMOS技術，暫被美洲技術顧問團擱置一旁，但是部分台灣專家認爲，隨便移轉哪個技術都好，所以還是把GI留在榜內。

休斯公司的價格相當低，符合「選擇價格最低者」的招標習慣，再加上工研院院長王兆振一直主張：「『人才』是發展產業的關鍵，向哪一家移轉技術並不是重點，」所以，以王兆振爲首的國內評估小組成員，傾向於選擇價格合理的休斯。

RCA雖然量產能力不佳，但是對CMOS技術著墨最深，擁有最多專利。該公司堅持訓練滿三百人月，才能保證技術在台灣生根；也同意在技術移轉的第五年，以合理價格，大量購買台灣製造的IC；同時也是唯一願意訓練十位IC設計人員的公司。因此，美洲顧問團認爲RCA最有誠意，成功機率最大。

在此之前，潘文淵爲了避嫌，已經主動放棄部分的退休金，提前自RCA退休。

## 關鍵拜訪，RCA出線

這些不同的見解，最後因爲潘文淵的一次關鍵性拜訪，終於雲消霧散，讓拖了一年多的爭議得到結論。

休斯公司高階主管在和潘文淵面對面討論之後，才發現嚴重錯估這個案子的規模和難度。

如果要訓練一批幾乎沒有實務經驗的台灣工程師，到可以自行營運的地步，休斯可能要空出一個工廠專門做訓練之用，對一家中型公司而言，這幾乎是不可能的事。

在RCA方面，則正好遇到年度結算，RCA半導體部門亟需這筆移轉收入來平衡赤字。最後RCA願意以250萬美元的技術移轉費，和100萬美元的技術授權金，承接本案。

於是在1976年3月拍板定案，工研院和RCA簽定長達十年的技術移轉合約，前五年移轉技術，後五年培訓人才。

除了IC設計之外，RCA還同意把經營一家公司所需具備的主要環節，包括計畫管理、製程、封裝測試、設備、廠務、採購等也納入在計畫範圍之內；劉長誠、張靜宇等採購、財務人員，也因此去RCA受過訓。更理想的是，RCA 還授權工研院使用他們的專利。

## 押對寶，CMOS 成為主流

對於顧問們看好 CMOS 技術這件事，在當時也頗具爭議。

當時的主流 IC 技術有 NMOS（N 型通道金屬氧化物半導體）、PMOS（P 型通道金屬氧化物半導體）、Bipolar（雙載子）等多種。TAC 顧問看好的 CMOS，是在 1968 年才發展出來的新製程技術。在台灣談技術移轉的 1974 年、75 年，CMOS 在最先進的工廠裡也還不容易量產，更不是主流。然而顧問看好 CMOS 工作環境適應力強、省電、雜訊影響小，可應用於太空通信及電子錶等。而且，換一個角度來看，缺點可能就是優點。CMOS 處在產品生命週期中的成長期，雖然技術尚未成熟，但有後來居上的可能性。台灣這時進入，有機會取得競爭優勢。

當時 NMOS 有德州儀器、AT&T、IBM 等大公司領頭做，是主流技術，所以大家都主張做 NMOS，但是在 RCA 實驗室從事半導體製程研發的 TAC 顧問凌宏璋卻看好 CMOS，他說：「我個人很相信 CMOS。RCA 是早最致力於發展 CMOS 技術的。可能是因爲我在 RCA 做事，所以多多少少對CMOS有一點偏好。這也是很運氣的。大公司不做CMOS，而我們做，結果這樣對台灣很有利。如果當時去做NMOS，我們會多花掉好幾年。」

後來有人回頭看這段歷程，認爲就是因著CMOS是非主流技術，移轉的又是7.5微米的製程，比當時RCA最先進的5微米製程落後一個世代，美國政府才會同意業者移轉技術給台灣。

## 還是買了保險

「當時我們都認為CMOS有很多好處，但是又怕預測得不對，所以也向RCA要求移轉NMOS，當做是個『附贈』的技術，」史欽泰回憶。

後來RCA因故將NMOS工廠轉做其他製程，對於這只教到一半的NMOS製程，RCA另外用雙載子技術補償。所以台灣其實一共向RCA移轉了三種製程技術。

到了章青駒等人從RCA學回雙載子技術時，示範工廠的CMOS製程營運得相當順暢；日本業者也已搶占了雙載子的市場。從市場、工廠兩方面來看，雙載子技術在台灣都難有發揮空間。

直到1980年代末期，當製程技術發展到1微米時，

CMOS 適合用在消費性產品的特質終於讓它脫穎而出，成爲當紅的主流技術。NMOS 和 PMOS 等早期成熟、主流的技術，反而逐漸式微。

台灣押對了寶。

## 歷史上的這一年──1976年

1976年，由席維斯史特龍自寫自演的電影「洛基」在美國上演，造成轟動，勇奪數座奧斯卡獎。美國人的驕傲──蘋果電腦公司於這一年成立，並推出第一個產品，蘋果一號（Apple I）。

旅美華裔物理學家丁肇中，獲頒諾貝爾物理獎。

周恩來、毛澤東在這一年之中，相繼去世。

台灣十大建設的成效顯現，國民所得首度突破1000美元。經濟有成之後，人民對政治開放的需求更加升溫。這年的雙十節，本省籍的高層官員，台灣省主席謝東閔，被郵包炸傷左手，震撼國民黨黨政高層。

行政院長蔣經國在這一年決定設置科學工業園區。

1976年，張忠謀在當時全世界最大的半導體公司──美國德州儀器任集團副總裁兼半導體集團總經理。

盧志遠正在美國哥倫比亞大學攻讀物理博士學位。

宣明智這一年二十四歲，剛加入集成電子，就發現集成主力產品的競爭對象，居然是美國業者的次級品。

二十年之後帶領威盛電子對抗英特爾的陳文琦，這時還在台大念書，閒暇課餘在台大合唱團唱男高音。

胡定華、楊丁元、史欽泰、曹興誠、曾繁城、蔡明介等人，則剛剛整隊成軍，由經濟部長孫運璿親自接見，代表台灣去RCA學習IC技術。

6

# 各方好漢投入IC計畫

「這是個機會！也許是靈感吧？我當時想，台灣以前從沒有做過這種事情。這是個歷史性的事件，我要參加！」

～楊丁元，回憶參加IC計畫的決定

人才絕對是台灣半導體產業成功的關鍵。第一批被派到RCA受訓的成員，在往後的歲月裡，各自在產業中整軍經武，撐起自己的山頭。

這些人是怎麼找來的呢？

## 《中央日報》牽線，海外英才加入

在IC計畫正式在報上刊登徵人啓事的兩年以前，就有人看到新聞的報導，持續關切這個計畫。

1973年，遠在美國普林斯頓大學、戴著厚重近視眼鏡的三位博士候選人，從海外版的《中央日報》上，獲悉台灣要發展IC技術的新聞。他們是台大電機系的前後期同學：楊丁元、史欽泰、章青駒。

「這是台灣以前沒做過的事，」楊丁元直覺這將會是一件具歷史意義的大事。

受到不久前釣魚台事件的催化，懷抱愛國之情的楊丁元主動聯繫時任電信研究所所長的康寶煌。不久，居然收到康寶煌長達數頁、言詞懇切的白話文回信，感動了原以爲政府部門只會回覆八股公文的留學生。

那時台灣還沒有確認技術來源，康寶煌建議他們先找同住在普林斯頓的TAC顧問羅无念和潘文淵。從此，這幾位名校博士生與IC計畫的進度便保持聯繫。

「我們會回來是有很多有利的因素促成的，是一個事件引出另一個事件；從新聞報導，到康寶煌先生的信，之後，如果沒有潘文淵、羅无念這幾位顧問，我們也不知道會不會回來，」楊丁元事後回想。

「當時我對這個計畫其實不是很清楚，只大約知道要向RCA移轉技術。那一年剛好景氣也不很好，一般美國公司的機會不多。但是，這個計畫很特別，有吸引力，」同樣也是從海外版的《中央日報》上看到工研院徵人啓事的蔡明介，當時也直覺這是個不尋常的計畫。

「我去應徵還有另一個原因，就是還沒去過紐約，藉面談的機會，可以去紐約玩一玩，」蔡明介談起這略帶童心的決定，笑著回想當年事。

出國前曾在高電服務，知道工廠的運作是怎麼一回事，因此，蔡明介在這次面談中，表明對IC設計的志向。「我覺得IC設計比較海闊天空。」

## 萬邦員工投入移轉計畫

這時，在新竹，幾位先後進入萬邦電子的工程師也想轉換跑道。曾繁城率先做了抉擇。

曾繁城以前聽過王兆振的演講，很欽慕他的學術成就，又因爲王兆振將擔任工研院院長，於是，他決定加入這新的計畫。之後劉英達、戴寶通、萬學耘（現經營亞得理亞餐廳）、許金榮（現任漢民科技總經理）也從萬邦離職加入工研院。「這個計畫才是眞的做技術，」許金榮說。

電信總局是這個移轉計畫的主要籌備者之一，派遣王國肇（現任太欣半導體董事長）、林衡兩位留美的約聘研究員參與。謝錦銘（現任源捷科技副總經理）則自行從交通部辭職來應徵。

## IC 種子部隊遠赴 RCA 學習

1976 年 4 月 20 日，孫運璿在經濟部辦公室，「親自一一點名，召見第一批十三位將要啓程赴 RCA 受訓的人員，和每一個人握手，」胡定華回憶說。

「部長將一面國旗授給隊員，由胡定華代表接受，感覺好像出國比賽一樣，」王國肇對當年的這個場景，記憶深刻。

三十年之後，蔡明介也還記得授旗那一天的愼重心情。「孫運璿舉他自己的例子，講了一個故事，就是早期政府派了一批人到美國田納西州，學做電力設備的事。他比喻這個（RCA 技術移轉）和那個一樣重要。孫運璿確實給了我們使命感。」

原本只是出國受個訓，但經過經濟部長召見、授旗的愼重儀式後，大家打從內心認同這次受訓的使命。

4 月底同仁啓程赴美，先上過一個星期的基本課程之後，就依照設計、製程等技術小組，分散到東岸、西岸和美中等不同地方學習。從這樣的安排，也看出 RCA 的認眞，並不以方便爲由，讓大家都在同一個工廠學習，而是端出最好的組合出來。

楊丁元是總領隊兼紐澤西州 Somerville 地區領隊。編列在他這一小組裡的成員有謝錦銘、蔡明介、林緒德（祥采科技總經理）及王國肇，主要學的是 IC 設計。章青駒領隊的測試技術組成員包括謝開良及萬學耘，也在紐澤西受訓。

史欽泰則被任命爲俄亥俄州 Findlay 地區領隊，同行的有曾繁城、劉英達、倪其良（移民美國）、陳碧灣、戴寶通等人，他們專攻 CMOS 製程。曹興誠、邱羅火（現任富鑫創業投資集團執行長）也在這裡受訓，分別學管理及後勤支援。

許健則是佛羅里達州 Palm Beach Garden 的領隊，有林衡、黃顯雄（勝華科技董事長）同行，專研 NMOS 製程。

爲求最有效率的學習，第二批的技術移轉部隊，在幾個月後，由葉勝年（現任台灣科技大學電機工程系教授）帶隊赴美。巔峰時期，同時有三十七位台灣工程師在美國 RCA 接受訓練。

# RCA受訓期間的生活點滴

在努力學習之餘，這些在RCA受訓的大男生的家居生活，又是另一番風光。

有駕照的人當領隊。「與其說我們是領隊，不如叫我們司機，」總領隊楊丁元說。

好不容易到了RCA代租的公寓。進去一看，居然裡面只有四張床，但卻有五人要住。

「我就打地鋪吧！」楊丁元馬上說。就這樣睡了十個月的地鋪。

除了接送大家到RCA總公司上下班，楊丁元還負責教其他成員開車、買菜、去銀行開戶等生活瑣事，並且固定在週末和另外幾處受訓的人員聯繫，確保一切平安。展現十足的僕人式領導。他不和其他人一起受訓，每天與RCA的專案管理人員關在一個房間裡和各受訓廠區、台灣連繫溝通。終於有一天，一位RCA的工程師忍不住好奇，問楊丁元「是不是政委」？

## 民生問題浮上檯面

在異國受訓，首先面對的就是「民生問題」。

大家吃不慣美國的漢堡、牛排，而且也太貴了，於是各地團隊自行找出解決方案。

在俄亥俄州Findlay的團隊每人要輪流煮飯。當地的報紙報導了他們的居家生活：「他們定的規則是：不准抱怨。史（欽泰）博士說，不論桌上的飯菜怎樣，他們沒有吃電視餐、罐頭食品，或現成的食物。他們自己去買新鮮的青菜、肉、水果，儘可能的準備東方食物。由於當地找不到一家較好的中式商店，還必須開車到另一個城鎮去買做菜的材料。」

在紐澤西的設計和測試團隊則有週值星，每週有一人輪值當採購兼大廚，負責去超市採買一整個星期的食物，然後大家平均分攤費用。

「但是有人看你不吃優酪乳，就會買一大堆。冰箱一打開，裡面全是優酪乳。還有人給我們吃醬油泡西洋芹，」章青駒笑著回憶生活點滴。

佛羅里達的團隊解決民生問題的方式是各自照顧自己的飲食。所以冰箱打開，會看到裡面有好幾桶牛奶，上面寫了自己主人的名字。

後期被調到佛羅里達的曾繁城，跟著同事們吃辣椒，結果鬧胃出血，在結訓前一個月住院開刀，把胃切掉一半。「全團三十幾個人交的保險費，被我一個人用光了！」曾繁城笑著說。

## 奠下合作基礎

曾繁城不准同事把住院開刀的事告訴太太。所以每次曾太太打電話來找曾繁城的時候，大家只好幫著扯謊。昨天說他去買菜，今天說他去賭狗。但是謊話編多了也很痛苦；那一陣子，大家都不敢接曾太太的電話。

在受訓期間，擠在同一間公寓，輪流下廚做飯給伙伴吃的工程師，幾年後紛紛成為雄霸一方的企業老闆，他們所經營的企業，也各有鮮明的風格。「生活上的點點滴滴，都是後來團隊成功的基礎，」楊丁元說，「因為知道彼此個性上的特點，合作的時候不會誤闖禁地。」每個人的個性、做事方式，都在這段期間，被彼此摸得清清楚楚。

如果沒有最早期這一段朝夕相處的時光，這些具備鮮明個性的未來領袖們，可能很難同舟共濟四年以上，順利將 IC 計畫執行完畢。

▲ 登在美國地方報紙上的照片。左起：曹興誠、倪其良、曾繁城、戴寶通、劉英達、陳碧灣、史欽泰與 RCA 在 Findlay 的人事主任 Mr. Pfeiffer。

（照片提供：工研院）

## 台灣工程師小鎮生活登上當地報紙

主修 CMOS 製程的小組去的是美國中部俄亥俄州的偏遠小鎮 Findlay。當地居民一輩子沒見過山、海，和黃種人，直到這一群台灣人的出現。於是，受訓工程師成了純樸小鎮居民茶餘飯後的話題。很自然的，工程師們在學習之外的餘興節目，就是和當地居民的各種接觸：包括接受報社採訪、去小學介紹「台灣」這個大家沒聽過的地方等。以下就是當地報紙對這批台灣工程師的報導：

「1976 年，當七個工程師和一位行政管理員來到 Findlay 的 RCA，雖然各自分別去學習各種工廠設計、工程，但他們不只學習積體電路，也體驗 Findlay 式的美國生活。

二十九歲的管理人員曹興誠說：『我們很高興到這裡，人們和善、工作認眞。這是個了解美國中西部小鎮生活的好機會。』這群來自台灣工業技術研究院的人員，有七位在 Findlay，除了曹之外，其他的六位工程師是倪其良、曾繁城、戴寶通、劉英達、陳碧灣及史欽泰博士。邱羅火則到棕櫚泉 RCA 工廠去，8 月再回 Findlay。

受訓期間最難熬的就是對妻子和家人的思念。曹興誠、戴寶通尤其惦念他們的妻子，因爲她們都懷孕了。曹興誠只在美國待兩個月就回台灣了，他的孩子出世時，他已經在家了。其中有三位工程師還未婚，但史博士已和台灣一位女孩訂了婚，準備在他回台灣時結婚。

RCA在Findlay的人事主任Mr. Pfeiffer說：『我們曾以爲會有語言方面的問題，結果並沒有。這些人到處結交朋友，並且做了許多令人驚喜的事。』史博士接道：『那是因爲這個地方的溫暖人情。』

其他的人則說，看電視幫他們克服了不少語言的問題。兒童節目更讓他們進一步了解美國的文化和語言。

另外就是美國的富庶果眞令大夥大開眼界。以在美國人生活中很重要的汽車爲例，史博士說：『由於經濟水準較低，一個台灣家庭必須存兩、三年的錢才能買部車。一位工程師一年平均收入約是美國勞動者的五分之一到四分之一。在台灣，一輛車大約要賣5000到1萬美元，農人和工人很少擁有車子。』

史博士是這群人中唯一有美國駕照的。有三位成員正在美國汽車協會練習駕駛，其中之一的倪其良就說，他一拿到駕照就要買部車。

和大部分的男人一樣，他們也愛看運動球賽，尤其是美式足球。

每個人也都想好了在美國受訓這段期間，他們還想做什麼。諸如期望到大峽谷、洛磯山、優勝美地國家公園，和尼加拉瓜大瀑布一遊；還有人想去新英格蘭和西海岸的幾所名校看看。」

# 7

# 先證明台灣可以量產IC

「胡定華的觀念很清楚，很早就主張示範工廠一定要做到量產。如果不能做商業應用，這計畫就只能停留在實驗室階段。」

～蔡明介，時任工研院電子中心產品開發部

1976年7月，就在第一批受訓人員啓程後兩個月，台灣首座積體電路示範工廠在新竹竹東的工研院破土興建，並在十五個月之內建造、裝機完成。剛開始以一班制作業、7.5微米製程，每週可生產三百片三吋的晶圓。

赴RCA訓練的同仁回來後不久，在1977年10月29日，這座全台灣第一座IC工廠開工了。孫運璿特別到場主持，並且以「只許成功，不許失敗」期許所有參與IC計畫的同仁，爲國家開創新局。

當天工廠開放參觀。但廠方居然沒讓來賓換穿無塵衣就進入無塵室參觀，事後花了兩個月才把落塵全部清理乾淨。「現在想起來眞是不可思議，」胡定華憶起這樁趣事，神情也不禁燦爛起來。

## 無塵室與灰塵微粒

不要小看那不起眼的灰塵！只要有任何一顆連肉眼都幾乎看不見的小微粒（partical）掉到晶圓上，都可能破壞晶片的布局，所以晶圓廠對灰塵是錙銖必較的。

晶圓廠內的潔淨程度以每立方英呎內的灰塵數來區分。Class 100的無塵室（clean room），指的是每立方英呎的空間之內，小灰塵的數量低於100顆。

相較於每立方英呎可能含有數十萬顆灰塵的一般室內，晶圓廠是相當乾淨的地方。為了控制灰塵數量，所有人員進入晶圓廠之前，都要穿上從頭包到腳的無塵衣。

空氣中的灰塵不是微粒問題的唯一來源。在晶圓製造的數百個步驟中，只要有任何一個階段清理不完全，殘留了上一個階段的雜質，也會造成微粒問題。

晶圓製造是批次處理，一批至少製造二十片晶圓。如果製造過程中，有一個步驟不完美，之後每一片晶圓走到這裡都可能受到污染，整批晶圓的良率就會顯著下降。

### 做到量產，才能商業運用

工研院電子中心將原始計畫的「示範工場」正名爲

▲ 1977 年，台灣第一座積體電路示範工廠落成，孫運璿部長蒞臨參觀。
（照片提供：工研院）

「示範工廠」。「場」與「廠」一字之差，影響甚鉅。工場只能實驗生產，無法保證量產的穩定度；換言之，「工場」無法驗證台灣的IC製造能力，「工廠」卻可以。

電子中心依據成本會計，計算出每片晶圓的成本結構和最小的量產規模，從每週產出數百片的工廠，轉型為四千片的小型工廠。雖然是最小規模的量產，還是讓之後的技術移轉效果更佳。

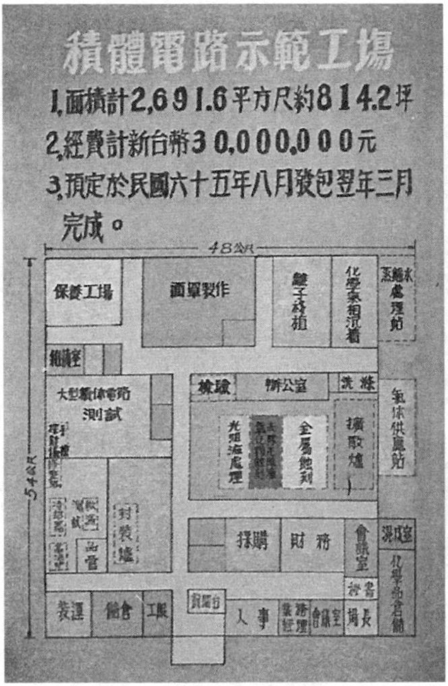


▲ 台灣第一座積體電路工廠平面示意圖。
（照片提供：工研院）

「胡定華的觀念很清楚，很早就主張示範工廠一定要做到量產。如果不能做商業應用，這計畫就只能停留在實驗室階段，」從RCA受訓回來後，任職於工研院電子中心產品開發部門的蔡明介說。

同樣的設計，電子中心的產品良率總是高出RCA很多，可維持20%以上的淨利。

這良率的差別到底有多大呢？最早RCA的訓練合約中，保證六個月後良率達17%。但是，到了營運第六個月時，示範工廠的良率已經高達七成。

「我們也曾經委託美商GI的封裝廠（高雄電子）幫我們封裝。高雄電子的員工看到示範工廠的晶圓，心就涼了，知道自己的母公司絕對打不過。因爲母公司送來的晶圓上有好多紅點（打紅點的是不良品，不必封裝），但是示範工廠送去的晶圓，卻看不到幾個紅點，」事後回想起來，時任工程部經理的史欽泰仍掩不住驕傲的神情。

## RCA想買下示範工廠

因爲示範工廠表現良好，RCA一度向經濟部提案，想把它買下來，在台灣投資量產，並將示範工廠的所有人員，正式納入RCA的編制之內；此外，也有海外華人想以低價接手這個工廠。

當時營運示範工廠的費用高出預期，全靠電子中心自己設計IC、賣產品硬撐著。經濟部裡有人擔心這資金壓力過大；也有人認定IC計畫就是要做電子錶IC，但是，台灣卻一直比不過「電子錶王國」香港。這些人都贊成把工廠賣掉算了。

經濟部似乎有一點動心。「因爲這樣一來，所有花下去的錢都回收了，而且IC工業也起來了。又因爲RCA在這裡設廠，投資的問題也解決了，」當時的工研院院長方賢齊曾在一次訪談中，回憶起這段插曲。

但是，方賢齊心中還是有些猶豫，「因爲這樣工業就不是自己的，是人家的！」

經濟部爲此事，特別開會討論。

「方先生啊！這個事情很重要！」在散會後的路上，史欽泰特別與方賢齊同車，對方賢齊說出心裡的話，「我們當初大家願意投身在這裡，就是希望國家能有自己的IC工業。政府如果決定把示範工廠賣給外國人，豈不是把過去的努力白白糟蹋掉了！如果眞的這樣決定，我們都不幹！」

聽史欽泰這麼說，方賢齊非常感動，也驗證了心中的猶豫，堅持不賣示範工廠。

## 站穩小目標，跨步向前走

當初在小欣欣豆漿店裡許下的願望：「讓台灣成爲電子錶王國」，其實從沒有達成過。全盛時期，台灣也只排名全球第三大電子錶輸出國，但卻達成眞正的目標：證明我們可以有效而便宜的生產IC。

和先進製程開發的難度相較，這是非常小的一步。但正因甘於在小目標上踏得夠穩健，才讓大家有信心繼續發展下去。

## 小辭典

**晶圓**（wafer）是製造 IC 晶片的基底材料。晶圓廠把 IC 的設計線路，用堆上、挖深等兩百多道製程手續，一層一層建造在晶圓上。

依照 IC 線路複雜度的不同，在一片晶圓上，可以做出數百到數萬顆 IC 晶片（chip）。晶片的設計愈簡單，線路所占的面積愈小，在一片晶圓上可以做出的晶片數量就愈多。晶圓片愈大，可以做出的晶片數量也愈多。

晶圓的大小是以直徑來計量的。「三吋晶圓」指的是直徑三英吋的晶圓片；而十二吋晶圓，指的是直徑十二英吋，也就是三十公分的晶圓片。製造完成之後，晶圓廠先在晶圓上測試這些 IC 晶片的功能是否正常（稱為晶圓測試，wafer probe），之後將這些功能正常的 IC 晶片切下來，加上塑膠或陶瓷等保護線路的包裝手續（稱為封裝，packaging）。為避免封裝過程中可能的損壞，還要做最後的測試（final test）。通過最後測試的晶片，就可以裝在電子產品上使用。

**良率**（yield）指的是一批製造完成的晶圓裡，功能正常的晶片所占的比例。如果一批晶圓總共可做出一千顆晶片，經過測試之後，有七百顆晶片屬功能正常，那麼這批晶圓的良率就是七成。良率高，表示晶圓裡功能正常的晶片多；這樣平均下來，每顆晶片的製造成本就比較低。

**產能**（capacity）是晶圓廠滿載時的最大產出量，一般來說，以一個月可以製造出多少片晶圓為計算產能的方式。

「月產能兩萬片」的意思是，在製程設備沒有中斷、失誤等情形下，每個月可以從這個晶圓廠，生產出兩萬片載有IC設計線路的晶圓。

**產能利用率**（utilization，**或**UT）指的是實際產出的晶圓片，占晶圓廠滿載產能的比例。產業景氣低迷時，市場對晶片的需求量較低，晶圓廠的生產線上不見得隨時都有晶圓在製程中。這時，實際晶圓產出，就會低於晶圓滿載的數量。所以，可以用產能利用率的起伏，來評估景氣變化。
從一片空白的晶圓進入晶圓廠，直到晶圓上布滿了IC線路，送出來準備封裝、測試，需時約兩個月。

IC製程以**「微米」**、**「奈米」**這類長度單位來計量技術層次。1微米是百萬分之一公尺，1奈米是十億分之一公尺。當我們說技術層次是7微米時，意思是說，在IC晶片裡的訊號線路寬度加上這條線路與另一條線之間的線距的一半是7微米。線路愈細，技術層次愈高，可想而知，奈米級的技術有多麼難做了。

# 8

# 在顛簸中建立典範

「一路上還靠很多人來電子中心幫忙，像谷家泰、田伯寧、簡明仁這些專家，幫我們把missing links連起來。」

～楊丁元

在能夠自行製造完成一片晶圓之前，電子中心做了一件重要的事，就是從頭到尾經歷一遍完整的產品開發過程。

## 補齊產品開發的各環節

受訓時，大家都是跟著學做RCA的產品，但是楊丁元知道，我們一定要有一個自己的產品，把這東西從頭到尾做過一遍，才能了解整個過程是怎麼一回事，同時，也可以把不足的環節補起來。

「其中一個我們連起來的missing links就是光罩，這不在RCA的訓練計畫裡，」楊丁元說。

後來選了一個空飄氣球的計時器，編號CIC0001。

「用這麼多 0，表示將來會做很多個產品，」楊丁元笑著說。

這是到高雄去接來的軍方案子。晶片做成之後，大家還去苗栗看客戶放氣球。「雖然軍方付了錢，但是這個產品不算成功，」當年負責測試的章青駒說，「當時設計 IC 沒有想到操作溫度的問題。我們只在室溫測試是 OK 的，就認爲晶片是可以用的。但是當氣球飄到高空之後，周圍溫度會隨著高度下降，低溫時 IC 就不一定能用了。」

即使不算成功，CIC0001 仍是個重要的載具，讓大家從頭到尾經驗過一次從訂規格、設計、光罩、製程到封裝測試等，完整的自有產品開發過程。電子中心把這顆晶片設計完成之後，送到美國西岸製作光罩，然後拿到 RCA 的工廠裡製造。

## 走過學習歷程

繼 CIC0001 之後，電子中心又陸續設計了十幾顆 IC，雖然客戶也付了錢，但是都不算成功。當時市面上還沒有驗證晶片功能的工具，也欠缺輔助 IC 設計的軟體，所有的 IC 公司都必須建立自己的能力。電子中心剛開始的時候，少了這些模擬、輔助，學習之路必然踉蹌。

「早期電子中心做出來的IC，就像是『只能動頭、不能手搖』的扇子，」章青駒搖頭比劃著形容這些IC的小缺憾。

爲了補足這些影響結果的技術環節，如設計輔助系統、SPICE Model的檢讀編輯能力等，電子中心陸續邀請專家協助建立。「一路上還靠很多人來電子中心幫忙，像谷家泰、田伯寧、簡明仁這些專家，幫我們把missing links連起來，」楊丁元回憶。

到了電子所的第十三顆IC，終於上軌道了。「林緒德、蕭新忠設計的編號CIC0013電子錶IC，就是一個良率高、品質穩定的產品，」章青駒說。

## 引進「軟性」的制度

既然量產了，就會遇到倉儲存貨管理、成本控制、良率提升、交期等，在實驗室裡不會碰到的問題。

在受訓中途被召回之前，曹興誠原本是被派去學生產管理的。他到了RCA之後，發現除了生產管理之外，還有很多寶貴的制度是台灣該學的。「我就跟他們磨，把他們所有的營運制度，像是倉儲管理、採購管理、IT管理等等的典章制度，統統帶回來，」曹興誠說。

章青駒除了學技術之外，同時注意到RCA完備的技術資料管理規範，比方說，「RCA規定設備的小維修、中維修、大維修週期，在不同的維修期間，該做哪些事，有哪些設定和流程準則等。」這讓他大開眼界，也把這一套方式帶回台灣。

除了從RCA帶回來的管理制度之外，電子中心也陸續從國外公司，引進工廠管理、品質控制、利潤中心制、成本會計與產品交期管理等經營手法，再把這些管理制度與運作技巧加以本土化，讓它們適用於台灣的環境中。「其中很多到現在IC公司都還在用，」曹興誠說。

從每個會議室裡附一台開飲機、員工餐廳每餐收費25元，到人事、行政、營運等工作表單的格式等，都是電子中心開了先例且行之有年之後，隨著離職人員擴散到業界的。

# 9

# 把IC設計和製造分開

「不但設計和製造技術可以分開來訓練，連企業也將分為設計和製造兩種。這種關係，就像是作家和印刷廠一樣，是可以各自獨立的。」

～卡維米德（Carver Mead），1970年代

「在電子中心，可以看到很多機會，」楊丁元說。

1978年的某一天，一位高中老師來到電子中心。他告訴楊丁元，以前他買日本的電子鐘，可以拆開來照著裡面的電晶體排列複製。最近，拆開來「只看到一塊東西」，讓他抄不下去了，只好來求救。

## IC設計潛力無窮

「哇！那時我了解到IC設計是這麼powerful的東西！」楊丁元說。

當時台灣電子產業還停留在以電路板、電晶體和整合度不高的小型IC組成電子產品的階段。但是競爭對手已經把所有功能整合在一顆IC裡，這些產品不但成本較

低、品質較穩定，而且功能再多也不影響體積和重量。

1978年10月，楊丁元發表了台灣第一篇IC產業研究報告「發展以積體電路為基礎的電子工業」，刊登在工研院電子所的《電子發展》月刊上。

文章中針對提升設計能力方面，提出三個振興階段。第一階段是業者委託電子中心設計新產品。中間階段是國內業者已有能力自行設計IC，只委託製造。最終的階段，就是達成政府引進IC技術的終極目標：業者可以自行設計，自行生產IC。

楊丁元寫的第二個階段，是在台灣的公開資料中，最早建議將「IC設計與製造分開」的觀念，更進一步寫成營運模式的紀錄。

## IC設計與製造可分開

1965年發表的摩爾定律，凸顯出這行業的特質：IC的複雜度大約每兩年增加一倍。也就是說，從1959年，全世界第一顆IC裡的十二個電晶體開始，發展到1999年，和四十年前同樣大小的一顆IC裡，應該可以容納得下超過一千萬顆電晶體！

微電子學泰斗卡維米德（Carver Mead）把IC線路比

喻爲城市街道圖。

一般人或許可以畫出幾百戶人家的小市鎮街道，但是大到一個都會，或整個美國的街道，就沒有人可以全盤了解。

依照摩爾定律的速度，一顆IC的設計布局，很快會複雜得像設計整個北美洲的街道地圖。這將使得IC設計工作更爲耗費時間、人力、成本，而成爲瓶頸。

早在1975年，米德和琳康威（Lynn Conway）已同時預見日趨複雜的IC結構，會使設計工作成爲大問題。於是兩位提出許多讓未來的IC設計變得更有效率的創新做法：包括電腦輔助設計系統、模組化設計、多晶片晶圓等。

在1970年代的課堂裡，IC的設計和製造是一起學的，只有接受完整電子電路、製程訓練的工程師，才能設計IC，使得IC設計工程師的進入門檻很高。但是，米德和康威認爲，任何有邏輯觀念的人，都可以經過短期訓練，而成爲IC設計工程師。於是，兩人合寫《超大型積體電路導論》（*Introduction to VLSI Systems*，1980年出版）一書，內容側重在設計。

米德進一步提出了顛覆傳統的看法：不但「設計」和

「製造」技術可以分開來訓練，連企業也將分爲「設計」和「製造」兩種。這種關係，就像是作家和印刷廠一樣，是可以各自獨立的。

## 晶圓代工概念的緣起

「Foundry」最早是1970年代用來稱呼IDM（整合元件製造）公司中只具備IC製造功能的廠區。

米德是到處傳播將「IC設計與製造各自獨立作業」觀念的人。

1980年7月7日技術顧問公司Integrated Circuit Engineering Cooperation的通訊期刊裡，使用「Silicon Foundry」一詞，並針對矽晶圓代工的內涵意義及當時的狀況做了一番解釋。文章裡也提及英特爾的創辦人之一摩爾，在某次公開場合的演講中提到，規模還小的IC設計公司缺乏製程支援的景況，他認為晶圓代工是有意義的事業。摩爾還說，他無法讓英特爾的同事們相信晶圓代工的機會。

這些劃時代的預測因事關商業上的競爭，當時大部分的半導體公司都不買賬。於是，兩位教授便自行證明這些觀念都是可行的。

1978年，康威在麻省理工學院任教時，運用了上述的電腦輔助設計系統、設計模組化等，讓學生花一個學期學習設計IC，學期結束時，交出一個自己的設計當作業。康威再以「多晶片晶圓」的方式，把學生的設計放在同一片晶圓上，委託業者製造、封裝。數週以後，每個學生都拿到自己設計的、封裝好的IC成品。康威表示，大部分學生設計的晶片，都眞的可以運作。

這學習和驗證的效果實在太快、太驚人了！以致於他們的書一出版，就吸引美國十幾所名校引為教科書。到1981年，已有上百所學校採用這本書教學。

卡維米德、琳康威猶如《聖經》裡的「施洗者約翰」，在曠野傳講著未來的訊息，陸續吸引了一些跟隨者。他們的觀點讓IC設計之門大開，設計人才的來源不再局限於科班出身的電子工程師，也大大的催化了IC設計領域的創新。

到了1980年代中期的美國，IC設計已經成為一個專業項目。IC設計工程師已不再需要先花幾年學會那兩百多道IC製程了。

## 1985 年開始培育 IC 設計人才

大約在 1981 年 3 月，米德受邀來工研院訪問。藉由米德的介紹，啓發了史欽泰。工研院第二個四年的 IC 技術研發計畫，以設計自動化技術為主題。這個計畫的成果，就是 1985 年工研院成立的「共同設計中心」。台灣這時才算正式開始訓練 IC 設計人才。

為什麼這麼晚才開始培育 IC 設計人才呢？

▲ 培育 IC 設計人才的前哨站：工研院共同設計中心　（照片提供：工研院）

「早期的資源不夠，只好把重點放在製程上，」非常看好IC設計的楊丁元說。

「我們台灣老是被人家說缺乏創意，只會製造，」史欽泰有感而發的說，「我們希望讓設計者的創意能更被發揮出來，不要讓很難的製造技術把這些設計人給嚇倒了。」

問題是什麼人可以從事設計呢？「就是那些賣產品的，屬於系統端的人。通常他們買晶片來用，但是不知道晶片是怎麼設計的，」史欽泰胸有成竹的說，「我們把簡單的工具、標準程式放在共同設計中心，讓那些學通訊或資訊系統的人，只要用他們平常組合PC版的能力，把邏輯（晶片的位置）擺對了，就可以用拼湊的方式學會IC設計。」這是ASIC（特殊應用IC，Application Specific IC）的做法、最早期的系統單晶片（System on a Chip，SoC）的觀念。

## 先培訓師資，再擴散至校園

但是，共同設計中心對產業影響最大的，應該是將IC設計的方法引進到校園，促使學校教授開設IC設計學門，及早培訓設計人才。

「教授來學習，回去之後教給學生。像清大許文星、王駿發（前成大工學院院長、現任高雄工藝博物館館長）、陳文村（現任清華大學校長）等教授，都和我們合作過，」史欽泰說。就這樣，工研院開始幫學術界深化IC設計教育，先培育IC設計的師資，再經由老師，將IC設計的理論與實務傳授給大學生和研究生。

在共同設計中心成立三年之後的1987年，景氣轉好、下游買氣強旺，科學園區裡突然多了十幾家IC設計公司。但工研院共同設計中心訓練的人才，無論就經驗或人數而言，都還不足以因應產業需求，因此業者很自然就打起電子所員工的主意。有一陣子，工研院電子所IC設計部門的離職率高達四成，成了人員流動率最高的單位。

### 小辭典

**多晶片晶圓**（Multi-chip Wafer）是在同一片晶圓上，可製作好幾種不同設計的 IC。概念是讓好幾個 IC 設計線路，共用一套光罩，以分攤高額的光罩和製程成本。琳康威的「多款設計共乘一片晶圓」的學生計畫，啓發了史欽泰，在工研院共同設計中心推動同樣的多晶片晶圓計畫，培育學校的 IC 設計人才。同樣的觀念，後來也成了晶圓代工業必備的服務項目。在量產之前，這項服務可提供客戶小量製造的彈性。

**電腦輔助設計系統**（Computer-aided Design）是以電腦輔助 IC 設計。

**模組化設計**（Design Module）則是矽智財（Silicon Intellectual Property）的前身。用的是堆積木的概念，預先設計好常用的模組功能，需要用時，可直接將模組放入 IC 設計線路中，以加快設計速度。

第三章

# 創造奇蹟的團隊

使命感和信心，是建立台灣 IC 產業的無形關鍵。
在孫運璿一肩扛起所有責任，
潘文淵和 TAC 顧問團戮力以赴的情況下，
孕育半導體產業的搖籃——工研院電子所，
不但培養了一批批的產業精英，
研發產業升級的關鍵技術，
更為台灣工業能提升到國際層次做出了貢獻。

# 1
# 使命感

「我們一直很好奇，當時大家都才二十幾歲，方公、潘公為什麼膽子這麼大，敢相信我們？」

～史欽泰

當專家搖頭、權威說不的時候，有位政府高級官員，願意賭上仕途，支持一群幾乎沒有經驗的工程師，爲台灣創一個新的產業。他用報國的使命感激勵他們，規定他們只許成功，不許失敗。這個人是孫運璿。

當這群沒有經驗的工程師，想要改變指導老師給的配方，用自己的選擇來營運一個高科技的工廠時，有位義工顧問挺身替他們爭取。他還帶領了一群在美國的華裔顧問，每週末義務爲台灣工作，籌畫、評估移轉半導體技術的各種細節，一路催逼大家快點跟上世界的腳步。他是潘文淵，帶領的是孫運璿見證之下成立的TAC顧問團。

這一群沒有經驗的工程師也很特別。他們由一位三十三歲的年輕博士領軍，各個清楚自己加入這計畫的使命：

「從零開始，建立一個可以帶動電子發展的IC產業」。他們沒有考慮萬一失敗的話，自己的前途會受到甚麼影響；更沒有人料到，如果成功，會創造出多麼大的財富和就業機會。這些人是胡定華和他所帶領的IC計畫成員。

## 對的人

引進IC技術三十年之後，對IC計畫和早期聯電的發展具舉足輕重影響的前工研院院長方賢齊，回憶起政府發展IC技術的這段往事。他化繁爲簡把成功歸給「運氣好，找對人」。

「做事情要找人，找對人，事情就會成功。我們運氣好，找到對的人。當時在國內找一批人到美國受訓，也在美國找一批華裔學者（即TAC顧問團）來幫忙。運氣好，頭一次做成功了，膽子就大，之後就有信心。如果運氣不好，只要失敗一次，膽子就小了，」方賢齊帶著淺淺的笑意，在輪椅上佝僂著九十五歲的身體，談三十年前的往事。

「對的人」一直是台灣半導體產業最重要的資產。

對的人，除了擁有理工背景之外，最重要的，就是具備捨我其誰的使命感。幾組肩負使命感的人的結合、互動，啓蒙了台灣IC產業。這幾組人包括在政府決策階層，有孫運璿、方賢齊等人；在美國有TAC顧問團；在台灣，有一群不論個人前程、不怕失敗的年輕人，投身爲第一批種子部隊。

孫運璿與方賢齊則以全然的信任和擔當，在國內爲IC計畫向各界澄清、解說。在背後支持的，是爲台灣開創新局的使命感。他們甘願爲這個自己也搞不懂的技術決策背書，爲了國家和產業的發展，就算把仕途賠上也在所不惜。孫運璿一肩擔下所有產官學界的反對壓力，始終是所有計畫成員心目中的精神領袖。方賢齊不但親自主持工業技術研究院（工研院），也是聯電第一任董事長，總是在第一時間提供所需的支援和指示。

在美國的TAC顧問團，以「爲台灣電子工業披荊斬棘，捨我其誰」爲使命，犧牲假期，不領台灣的薪水，多年以來，義務定期往返美台兩地，在IC計畫的每個階段，提供最關鍵的方向和進度指引，不斷催逼電子所挑戰更前瞻的技術。

## 有使命感的種子部隊

第三組對的人，是工研院電子中心的種子部隊。

「我們一直很好奇，當時大家都才二十幾歲，方公、潘公爲什麼膽子這麼大，敢相信我們？我們現在都不敢相信二十幾歲的年輕人！」史欽泰替許多人提出這個問題。

「我會看相。像這種老實人，我就相信他，」方賢齊瞇著眼、透著淺笑，看著史欽泰，一語雙關的說。

所謂的「老實人」，指的大概是把國家前途看得比個人利益更重的人吧！

如果以薪水做決定，當年種子部隊的成員絕不會加入

▲ 孫運璿（右）與潘文淵（左）攜手擘畫了台灣的半導體產業藍圖。
（照片提供：工研院）

這計畫的。在美國工作，薪水是台灣的四倍以上；如果加入外商公司，收入也很豐厚；連國內電信研究所的起薪都比工研院高25%以上。

更不可能是為了功名或未來的財富。在1976年，台灣的第一條高速公路只修了台北到中壢這一小段。楊丁元為了到新竹工研院報到，在巴士上暈得七葷八素，好不容易換乘計程車，輾轉到了新竹的辦公室，時間已經是中午了。等辦事員睡完午覺，才能辦理報到手續。

在這樣原始的場景下，若是誰異想天開，猜得到三十年之後台灣IC產業會這麼風光，也會被當成瘋子！

「這是個機會！也許是靈感吧？我當時想，台灣以前從沒有做過這種事情，這是個歷史性的事件，我要參加！現在回想起來，那時我們比較受影響的，可能就是釣魚台這件事吧！」促使楊丁元不顧家人反對，堅持回國的原因是對歷史和國家的使命感。

當然，也有人中途下車。

「從RCA受完訓，服務的合約期滿，就有人辭職回家開銀樓去了，」胡定華笑著說，「我想他可能認為這計畫不會成功。」

「這些會留下來的人都是有一點（家庭背景）關係

的。他們大多來自軍公教這一類的家庭，對國家發展有理想的家傳觀念。沒有這層關係的人，多認為風險太大，不願意來。當時在國外大公司做得相當成功的優秀華人很多，但卻沒有一個敢回來『和』這個計畫，」胡定華進一步分析，大家的使命感多來自家傳觀念和成長環境。

## 共同願景：證明台灣的能力

主要的IC計畫成員都有共同的理想願景：證明台灣的IC量產能力，能夠培植一個欣欣向榮的電子產業。當他們做決策或提建議的時候，不是以「什麼對自己最有利」或「怎樣最安全、方便、保險」為出發點，而總是一本初衷，以產業最大的利益為考量。

因著這樣的使命感，這一群平均年齡不到三十歲的年輕人，能夠在RCA合約限制、比IC製程還長的政府採購流程、幾乎沒有彈性的預算和審計制度的規範之下，仍然買到他們心目中最適合的製程設備、逐一補齊所有關鍵技術和工廠管理的環節、設計出自己的產品，並用最接近民間公司的型式營運。也因此，為台灣IC產業打下最初的基礎。

2

# 潘文淵和TAC爲台灣做了什麼？

「TAC帶進IC計畫，真的把台灣在工業層面上的觀念、想法、見地，提升了一個層次。」

～宣明智

「充分相信潘文淵是我做對的一件事情，」高齡九十五歲的前工研院院長方賢齊說。

潘文淵是TAC的召集人。他自己其實不懂IC，但是有本事和熱情，感動懂的人加入TAC的團隊。

TAC顧問凌宏璋講到潘文淵，馬上坐直了身體，以恭謹的聲調說：「我很佩服潘文淵。他能把大家（TAC顧問）拉攏在一起，包括太太們，讓大家都很親密。而且最要緊的是，他可以說服孫運璿。對上、對下他都說得通。」凌宏璋早期協助台灣選擇CMOS技術，曾爲美國空軍製造出第一顆IC。

## 潘文淵領頭，TAC獻策又出力

這些TAC顧問們都沒有拿台灣的薪水，但是在潘文淵的感染之下，個個賣力。

TAC對於台灣半導體業的發展有極大的貢獻，在1990年代之前，大大小小的IC計畫決策、技術開發的方向、進度等，幾乎都靠著TAC顧問團在每半年舉行一次的大型會議中指引。

他們爲工研院擬訂與大型IC公司技術合作的邀請函，評估所有競爭提案；他們協助擬列設計、光罩、製程設備等研發實驗室所需要的器材清單和工廠動線規畫；他們也幫台灣和RCA等公司談判。在國內對IC經驗還是一片空白的時候，TAC顧問充分發揮了引路的功能。

更重要的是人才徵募方面，在TAC的協助及篩選下，工研院成功的從國內外招募到傑出的工程師，組成台灣IC產業的第一批種子部隊。後來這些人一個一個成爲IC產業的領導者。

TAC也正確的選擇了適合台灣發展的CMOS技術。要是當時以「顯學」的NMOS爲主，或像韓國從Bipolar入手，我們的產業發展至少還要多繞些路、多花一些時間。

「當時有很多公務人員等著看笑話，他們在心裡想，你們這批小子，做砸了我再來收拾你們！」胡定華說。

但是，在潘文淵眼裡，這群平均年紀不到三十歲的年輕人，絕不是搞砸事情的小子，而是可以成就大事的生力軍。他讓這些年輕人放手去做，只在必要時，藉重TAC顧問的專業，伸手引導。

潘文淵逝世之後，胡定華、曹興誠、史欽泰、楊丁元等十幾位曾受潘文淵栽培的RCA受訓成員，以及張忠謀等人，發起成立了潘文淵文教基金會。「發揚潘文淵『給年輕人機會』的精神，培育下一代成爲發展產業的種子，」潘文淵基金會執行長羅達賢說明基金會的精神。

## 把台灣拉拔到國際層次

「潘先生帶動的IC計畫，除了計畫本身產生這麼大的產值之外，也把國內工業的層次提升到可以和國際大公司合作，」1977年加入電子所的宣明智一語道出潘文淵對國家的貢獻。

宣明智在進電子所之前經營過電子公司，也曾在張俊彥主持的集成電子服務，是早期電子所裡業界經歷豐富的成員之一，最適合見證TAC顧問團爲台灣帶來的影響。

到了電子所之後，他大開眼界。就像大人抱小孩一樣，TAC顧問團將台灣電子產業這個孩子，一把抱起，讓我們坐在巨人的肩上，和國際大廠打交道。

宣明智猶記得當時台灣不論是經濟條件或工業條件，都和美國相距甚大。他們去 RCA 受訓或是和供應商協商談判時，發現這些國際公司對於永續經營的觀念、公司存在的價值，以及公司和顧客的關係、公司和員工的關係這些種種，都思考得很深入、很長遠。「不像那時候台灣的公司，看到什麼機會就抓，勉強搶到生意，又搶破了頭。所以 TAC 帶進 IC 計畫，真的把台灣在工業層面上的觀

▲ 致力於提升台灣電子產業的兩位功臣：潘文淵（右）和方賢齊（左）。

（照片提供：工研院）

念、想法、見地，提升了一個層次，」宣明智突然感性了起來。

TAC顧問們本身就是在國際機構帶領研發團隊的頂尖人才。有機會和他們接觸，已經讓IC計畫的成員，親炙他們在培育人才、呵護創新方面的氣度，而他們的名望和在業界的人脈，更爲台灣的半導體產業開了一扇大門。

「讓我們遇到全世界最尖端的技術、最頂尖的人才，看到他們的理想抱負，以及這些國際知名公司，對自己品質、品牌的要求，」宣明智用井底之蛙跳到外面的世界，來形容當時的感受。

在高科技產業發展的早期，工研院扮演新技術研發的領導角色。而TAC顧問們，則負責引導工研院的技術取捨、切入點等策略方向，間接扶植了國內的產業。

## TAC如何運作？

潘文淵為了讓TAC顧問機制能夠長久運作，立下三條簡單扼要的規章：不洩漏任職公司機密、不接受台灣的薪酬、不在上班時間做TAC的事。所有人在加入TAC顧問團之前，也都需要先獲得任職公司的同意。

既然不能在上班時間做TAC的事，大家只能在週末加班、討論。

為了要在有限的時間之內，討論出攸關國家產業方向的決議，開會時，大家總是據理力爭，用美國人的方式，對事不對人的單刀直入的質問、申論。因此，不論是在某人家裡舉辦的小型TAC會議，還是也有工研院成員參加的大型TAC討論會議裡，氣氛都非常緊張。

「意見不同的時候，會吵個不停，其他人就在旁邊聽。工研院的主管都很害怕，」TAC顧問鄭國賓說。

DWDM（高密度波長多工分工器）之父厲鼎毅也記得，有一回做報告時，有個工研院的組長因為緊張過度，當場心臟病發送醫急救。

開會氣氛火爆，但會場外卻一派和諧。

每次開會之前，總有充裕的聯誼時光。潘文淵總是藉這個時機，向顧問和眷屬們報告台灣方面的進展，並代表政府和工研院，感謝大家的犧牲奉獻。

開完會，更少不了玩笑輕鬆。每半年舉辦的大型會議，方賢齊一定到場。潘文淵和方賢齊都是說笑話的高手。幾個經典笑話講下來，原本嚴肅、認真的心情，也就放鬆不少。

在潘文淵的領導之下，TAC 顧問們無不盡心盡意為台灣高科技產業的方向和進展把脈，並且從這個運作機制中，獲得成就感、樂趣和成長。

## 照顧太太們的感受

「潘文淵知道，若是沒有太太們的支持，這樣的週末顧問是不能維持多久的，」凌宏璋夫人凌王安珍說。

但是下班後和週末時光很寶貴。為了讓顧問們的妻子全力支持丈夫們把公餘的時光挪來工作，潘文淵總是邀請夫人們一起來開會。每半年舉辦的大型會議，更是邀請全家參與，讓所有家人，了解父親／丈夫為什麼下班之後還忙著討論、看資料。

當男士們開始討論技術上的議題時，眷屬們也有專屬的行程。有時一起喝茶聊天或逛街、看展覽等，久而久之，這些原本互不相識、散居於美國各地的陌生人，變成了家庭好友。

當潘文淵夫人在「提早退休」和「持續任教」之間，舉棋不定時，其他 TAC 顧問的太太們，居然全數鼓勵潘太太辭職，陪伴丈夫從事對國家和產業有最大貢獻的工作。TAC 成員的愛國熱情，和夫人們對這件事的認同與支持，可見一斑。

# 3

# 創新、容錯的早期電子所文化

「文淵常常跟我説，這些年輕人很了不起，將來可以為國家做大事。」

～潘文淵夫人

身爲台灣半導體產業的生父、養父、教父的工研院電子所，除了主導技術發展之外，對這個新興、高風險、高報酬產業的文化塑造，也起了很大的作用。

「做這種比較先進的事情，一定要讓有衝勁的人去執行。讓他眞的願意冒風險。不願意冒險，就不會有創新的做法，只會沿用過去的做法，結果就很難成功，」胡定華說。

工研院是非營利的財團法人，對這個半官方的機構來說，比較正常的工作態度是「少做少錯」。但是打從一開始，工研院電子所的氣氛就不是這樣的。

## 「有事我來扛」的領導人

孫運璿、潘文淵、胡定華的風格，都是「有事我來扛」

的支持型領導，讓下屬勇於嘗試新的觀念和異於常規的做法。這種領導方式，對於養成自有技術、鼓勵創新的組織氣氛有很大的正向作用，也激發同仁的創業冒險精神。

儘管當時有很多人等著看電子所的笑話，但是，在潘文淵眼裡，這群懷抱使命感的年輕人絕對是一群千里馬。

潘太太還清楚記得多年以前的夫妻對話，「文淵常常跟我說，這些年輕人很了不起，將來可以爲國家做大事。」

潘文淵這位識千里馬的伯樂，很懂得如何讓千里馬發揮潛能，而且爲他們背書，容許年輕人提出異於常規的想法和做法。例如，「把實驗室變成每週可以生產四千片晶圓的小規模量產，這和潘文淵的原構想是很不一樣的，但是他聽了理由之後，覺得也對，」潘文淵呵護創新的例子令胡定華印象深刻。

又例如，當年工研院要購買離子植入機，許健認爲A牌子的離子植入機不錯，楊丁元也贊同，但是RCA不是用這個牌子。於是胡定華就去跟潘文淵溝通，希望能改用A廠牌。「潘文淵聽了，也沒有說什麼。換成一般人，就會講：合約已經簽了，況且RCA用得好好的，你爲什麼要換？這是潘文淵很大的特色。他說，你們決定了，我來幫你們去說明。」

孫運璿也是。「在爭議中，堅持研發。管事不細，信任專家，給予支持，」史欽泰言簡意賅的說明孫運璿當年對IC計畫支持和信任的態度。

當時的電子所所長胡定華，用最實際的做法，落實了IC計畫的終極目的。

「胡定華有建立工業的使命感，並且展現貫徹目標、嚴謹無私的管理風格，」當年的電子所成員，現任源捷科技總經理吳祥偉說。

「我要求所有主管學看財務報表，把組織分成十個營運中心來運作。我們找人進來的時候，就告訴他將來要出去做生意。這些做法，都是因爲我們把這個專案的目的，設定在建立一個工業，」胡定華的目標明確，執行力十足。

## IC示範工廠，一切成就的源頭

以三十年後的數萬名半導體從業人員，遍及美、日、亞太地區的生產基地，十二吋晶圓和65奈米的製造技術來看，當年用小小的三吋晶圓、不怎麼先進的7.5微米製程技術開始的IC示範工廠，顯得這麼原始。然而，這不怎麼成熟的小工廠，卻是其後一切成就的源頭。

# 4

# 工研院　從主導到淡出

> 工研院是一座橋，將海外的科技專家、經營者請來台灣，也把較先進的工業技術和工業界亟需的人才，擴散到幾個重點的產業。

每次提到工業技術研究院，前總統府資政孫運璿總會將之稱爲「第六個孩子」。爲了催生工研院，孫運璿用盡苦心。

孫運璿任經濟部長時曾應邀訪問韓國，看到韓國「科技研究院」高薪聘請一批韓國留美學人，致力研發電子、化學、紡織等先進技術，此情此景看在孫運璿眼裡，暗自著急。「我們如果再不做，就趕不上了，」《孫運璿傳》中寫道。

## 成立工研院，推動工業發展

參考韓國科技研究院的做法，孫運璿另外請教了澳洲、美國專家的意見，決定台灣也要成立一所類似的研究機構。

當時，經濟部底下有三個研究所，分別是聯合工業研究所、聯合礦業研究所與金屬工業研究所。這三個研究所零星做些提升工業技術的研究，也幫產業界解決一些問題。只是，三個所分散在各處，力量不夠集中，研究成果帶動台灣經濟發展的效益也十分有限。

孫運璿決定將三個所的設備、土地、人才合併，成立台灣的「工業技術研究院」，重新賦予任務、目標，利用進步的工業技術推動台灣工業的發展，引導經濟起飛。

心中主意已定，孫運璿開始草擬工研院的設立草案。草案中載明，工研院採財團法人制，由中央捐助新台幣100萬元為創立基金，並將聯工所等三個研究所的全部資產，大約新台幣7億多元，依法定預算程序捐贈給工研院。

由政府出錢，但是用財團法人的方式運作，立委們擔心以後無法可管，因此當時反對的人很多。但是，如果是由政府部門來做產業技術升級的研發工作，做出來的成果，只能移轉給國營企業，而國營企業處處受政府的規範，將難以在國際上競爭。經過長達二十幾個月的折衝，孫運璿終於讓工研院的設立草案，以些微票數的差距，在立法院通過。

另一方面，爲了安撫這些被整併到工研院、突然喪失公務員身分的員工，在工研院的章程裡還明訂，只要營運績效良好，政府將從經費預算中，每年撥款 2 億 1300 萬元支援工研院。

就這樣，1973 年 7 月 5 日，工研院正式成立，由中央研究院院士王兆振擔任首任院長。

設置工研院的動機可以歸納爲兩方面，其一是台灣需要在技術上有突破性的進步，才能改變當時以紡織、石化業爲主的產業結構；此外，民間企業太小，研發能力不足，也需要政府推一把。

然而工研院「扶植台灣產業」的角色，也隨著產業的進展而調整。

## 不斷變換角色的悲劇英雄

在胡定華（電子所第一任所長）和史欽泰（第二任所長）任內，電子所已經衍生了台灣第一家 IC 公司——聯華電子。初步建立了台灣的 IC 產業。

到了 1980 年代後期，電子所第三任所長章青駒曾說過一段話：「我們在電子所裡兢兢業業的研發，目的是要藉著技術移轉提升台灣工業。如果我們成功了，業界公司就可以自行研發，便不需要我們了。如果我們不成功，業界當然更不需要我們。所以，不管我們成不成功，擺在面前的都是死路一條。請問電子所的前途在哪裡？」

這個問題從 1980 年聯華電子成立開始，就不斷的被提起。電子所的角色，也隨著 IC 產業的成長、壯大，做了各種調整配合。

「如果 IC 是電子產業的驅動力，那麼，平面顯示技術就是所有電子產品的驅動力，」TAC 召集人虞華年大力鼓吹。於是，在邢智田擔任第四任電子所所長的時代，電子所的研發活動除了次微米計畫之外，增加了平面顯示技術這個影響更為深遠的主軸。

1995 年以後，台灣 IC 業者爭先蓋八吋晶圓廠，量產規模顯現，晶圓代工業進入高度成長期。台積電的研發投入也是三級跳，從 1996 年的新台幣 15 億元，一路成長到 2000 年之後，每年投入研發的資金已超過百億元。

這時，政府主導的四年共幾十億元規模的研發計畫，和民間企業的每年百億經費投入相比，已經是小巫見大巫了。工研院電子所「扶植台灣半導體產業」的階段使命已完成，在這個角色上，似乎可以功成身退了。

## 深化「發聲」角色

在第五任所長胡正大服務期間推動的「深次微米計畫」，居然在最後一刻功虧一簣。然而，這個時期的電子所，卻肩負起爲產業發聲的重要使命。舉凡成立台灣半導體產業協會（TSIA）、加入全球半導體委員會（WSC）、集體和美國美光公司打SRAM與DRAM傾銷的官司等，都是由電子所主導的TSIA出面，也爲台灣在國際舞台上掙得一席重要地位。

現任工研院副院長的徐爵民，在接續胡正大成爲電子所所長時，將電子所的「發聲」角色深化到技術層次，針對如產業標準、IP與SoC等業者面臨的共同議題，以聯盟的形式來共同研討、分享，彌補台灣在與產品相關的領域裡，中小型公司群聚，卻缺乏具代表性大公司的弱勢。另一方面，他也讓電子所的研究範圍更加聚焦在核心技術上。

現任的陳良基所長（電子所在2006年改名爲電子與光電研究所），則延續這聚焦的方向，更進一步淡出「發展產業目前所需的IC製程技術」，轉而專注在尚未商業化的先進技術，如新的記憶體技術MRAM（磁性隨機存取記憶體）和可折撓的軟性電子等，扮演更前瞻技術的開發者，繼續致力於提升產業發展的研究。

除了輔佐產業的角色方面，工研院不斷隨產業的進展起舞之外，在過去三十年之間的離職員工之中，共有兩千多位轉戰科學園區，成爲半導體業的生力軍。工研院是一座橋，將海外的科技專家、經營者請來台灣，也把較先進的工業技術和工業界亟需的人才，擴散到幾個重點的產業。

# 工研院電子所半導體系族譜

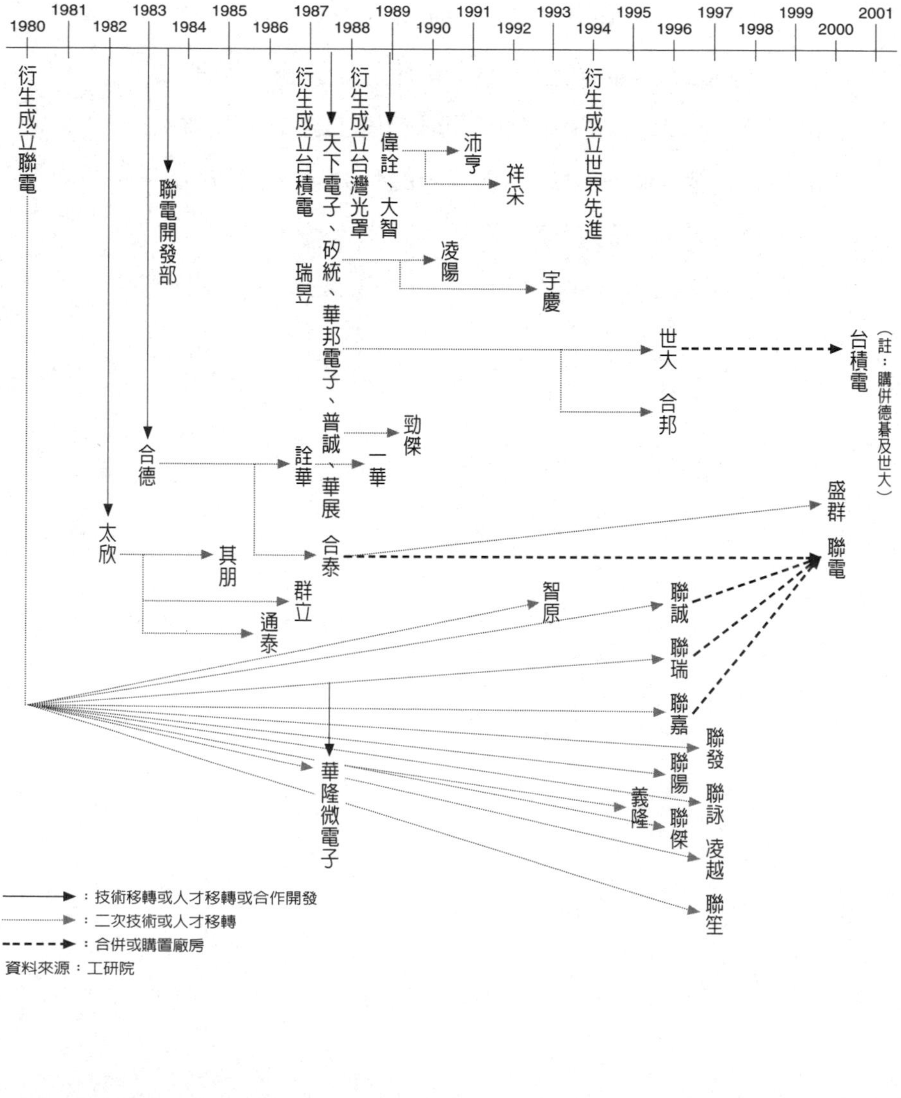


資料來源：工研院

第四章

# 成功個案

在 IC 計畫順利發展，且工研院示範工廠也已運轉成功後，
接下來就是「移轉民間」以落實產業生根的階段了。
1980 年，工研院 IC 計畫第一家衍生公司，
也是台灣第一家 IC 公司──聯華電子成立。
這個肩負發展產業使命的公司，
如何一步步走出台灣的晶圓之路？
又是如何牽引產業鏈的發展方向？

# 1

# 台灣第一家IC公司——聯華電子

「我對自己說，聯電如果做不成的話，我是『天下之大，無處容身』。對個人來說，錯失一個事業機會；對國家而言，讓人家斷定IC做不起來，是何等罪大惡極啊！」

～曹興誠

在潘文淵寫的IC計畫的最後一部分，提到建立IC產業的關鍵：「若發展順利，將移轉民間」。1979年，在新竹竹東的示範工廠已經運轉一年多，成績斐然，具備營運成功的條件，已經到了該「移轉民間」的時候了。

這時如果不移轉到民間，IC技術會一直握在工研院手中，產業就遲遲無法起飛。甚且，先進國家遲早會注意到台灣發展半導體的潛力，如果外商先來設廠，示範工廠的人才可能被吸走，團隊會面臨解體的危機。

## 另起爐灶，從頭建廠

其實在選擇IC示範工廠的地點時，早已考量到日後移轉民間的便利性。

示範工廠地點是現在的工研院十五館。在附近靠山的地方有一塊空地，原本準備拿來當新公司的基地。

胡定華和TAC顧問團想得很完整。「一旦IC計畫做完之後，裡面所有的人，包括我在內，連人帶機器，統統一次移轉出去變成新的公司，」胡定華說，「我們選的這一塊地，旁邊有一條路，是往竹東的舊路。我們當時想，到時候把圍牆一圍，和工研院隔開，就成了一個完整獨立的公司。」

到了1979年初，示範工廠已經營運了十二個月，不但營運成本控制得宜，且淨利高達營收的20%，因此對衍生新公司信心勃勃。但是，「當我們開始著手準備衍生的時候，才發現有個『國有財產不得任意移轉』的規定！」胡定華講起以前的天眞，笑得有點尷尬。

除了移轉手續很麻煩之外，也有顧問認爲這示範工廠不該移轉。「示範工廠還有執行國家開發政策目標的任務，你把它移轉出去，那政策任務該怎麼辦？」聯華電子第一任總經理、華泰電子杜俊元董事長在一次訪談中，回憶起早期大家對衍生公司的諸多討論。

此外，還有現實的商場競爭問題。當時「示範工廠只能製造三吋晶圓，雖然營運得不錯，但是眞的要在商場上硬碰硬的打，是沒有競爭力的，」史欽泰直言不諱。

那時IC製造主流是四吋晶圓廠，先進的地區已經開始有五吋、六吋廠了，台灣的這家衍生公司如果只靠示範工廠的三吋晶圓技術，是無法存活的。所以，示範工廠和衍生公司應該同時存在。示範工廠繼續執行技術開發的任務，並且持續把研發出來的技術，移轉給衍生公司，而衍生公司則應另外興建一座四吋廠，以提升商業的競爭力。

因此，即使出了工研院的大門，看到的盡是聖誕燈飾工廠、玻璃工廠，大家還是硬著頭皮，決定從頭建廠、找投資人籌組這家高科技公司。當時的工研院電子所製造課課長黃顯雄（勝華科技董事長）等人，自願移轉到聯電，開創新事業。電子所共派了八十多位工程師，花了兩年的時間，支援聯華電子的成立。

## 民間投資意願低落

當時民間的投資意願相當低，全靠工研院院長方賢齊先生出面，憑藉私人關係找熟識的大企業家來投資。但即便有這一層關係，大家還是很害怕，每個人都希望少出一點，甚至有人在發起人會議上當場退出。最後，由華新麗華投資 5% ，聲寶投資 10% ，東元投資 10% ，華泰電子投資 5% 。

民間投資意願這麼低，只好靠官股。3 億 6000 萬元的資本中，官方色彩的股東占了七成的股份。

政府指定交通銀行投資聯華電子公司 25% 股份，並允許交銀在適當時機，將股票出售。同時，指定光華投資公司出資 10% ，中華開發公司出資 10% 。

在發起人會議上，為了補足當場退出的 5% 股份，胡定華只好自己提議由電子所暫墊這缺口，算是用來保證技術沒問題。電子所還另外代表經濟部掌握 15% 的技術股。

剩下 5% 的股份，由「創新技術移轉公司」認購。

## 15% 技術股的由來

聯華電子成立時，經濟部獲得 15% 的技術股；兩年之後，太欣半導體成立時，王國肇也為技術團隊爭取到 15% 的技術股。

之後，凡是進入科學園區的公司，幾乎都以 15% 為技術股的參考值。技術股比例高過 15% 的計畫案，多半遭評審委員駁回。

這占股本 15% 的技術股比例，到底是怎麼來的？

「這是台灣高科技產業第一宗納入公司章程的技術股，」史欽泰說起聯電設技術股的由來，「為了讓這15%看起來合理，我們還寫了一大堆理由說明在聯電3億6000萬元的資本額中，合15%價值的這5400萬元是怎麼計算出來的。」

「在公司法裡，規範公司每次增資可以保留10%~15%給員工，也就是保留給出力氣的人參與股權的比例。另外，國外的股票選擇權，一般來說，約莫占資金結構比例10%~15%，」胡定華說明這15%的技術股比例，其實是有跡可尋的。

「之後進入園區的廠商其技術股比例一向維持在15%。但是如果讓美國比較有經驗的創投公司來審查這些進園區的案子的話，有的也有可能高到20%的技術股，」胡定華說。

技術股是高科技公司特有的獎勵方式，用來吸引核心技術團隊，直接以自己獨特的技術或專利代替出資，在公司占一定比例的股權。技術股比例愈高，意味著實際運作的資金被稀釋得愈嚴重，對於公司長久發展也不是件好事。因此，參考國外的機制，並且讓聯電、太欣開了先例之後，科學園區內外的高科技業者，提供給核心技術團隊的技術股，都沿襲這15%的黃金比率。

光華投資、中華開發、華新麗華和華泰等，這些原始股東的名稱裡，都有個「華」字，所以新公司就取名做「聯華」。聯華電子終於在 1980 年 5 月正式成立。

「在 1979 年，聯華電子籌備處成立時，科學園區還沒有設立。當時還趕快把科學園區設起來，讓聯華電子成爲第一家進駐園區的公司，」史欽泰回憶。

（註：華新麗華的本業是從事電線電纜製造，是傳統產業轉型高科技的成功典範之一。擔任聯電創始股東也讓華新麗華賺了錢。1987 年，華新麗華把聯電的股票賣了，轉投資華邦電子，之後在 1990 年代，再成立瀚宇彩晶，跨入平面顯示器產業。）

## 曹興誠加入聯電

聯電成立的第二年，總經理杜俊元需要一位副總經理。他曾探詢延聘當時電子所副所長史欽泰到聯電出任副總經理的可能性。

「老杜啊！你不能動他！」潘文淵說：「政府有重大任務要讓他執行，是技術方面的。」

史欽泰也知道自己不適合，興趣不大。

其實，在電子所所長胡定華心中，一直有個人選，就是電子所的第一位副所長曹興誠。

「他是那種在資源不足的時候，會以各種方式創造出資源的人，最適合那個時候的聯華電子，」胡定華說。

於是，在濟濟博士之中，胡定華選上碩士畢業、年僅三十三歲的曹興誠，在1981年10月到聯電當副總經理。

「我這個土碩士，剛當上電子所第一位副所長的時候，內部就有一點聲音。所以我那時候就知道，除非有個國外的博士學位，否則我在工研院的前途有限，而且也給人家製造問題，」曹興誠講起往事，一派優游自得的樣子。

其實聯電是電子所IC計畫的最後一環，屬於計畫裡「移轉民間，在民間生根」的部分。「聯電成功，才表示IC計畫成功。如果那時聯電做垮了，之後就不會再有進一步的計畫了，」曹興誠知道，如果在民間公司這一環沒有好的表現，往後大家對發展IC技術會反對得更嚴重。

於是，曹興誠把聯電這個擔子挑下來，當成挑戰和機會。

「我對自己說，聯電如果做不成的話，我是『天下之大，無處容身』。對個人來說，錯失一個事業機會；對國家而言，讓人家斷定IC做不起來，是何等罪大惡極啊！」講起當年破釜沉舟的決心，曹興誠斂起笑臉認眞的說。

後來，曹興誠把電子所行銷第一把手宣明智挖角過來，讓聯電營運的陣營更加堅強。

三個月之後，杜俊元離職，聯電董事長方賢齊決意拔擢曹興誠接任。

之後的幾十年，曹興誠帶領聯電團隊開創出一片天地。胡定華也一直頗滿意自己對曹興誠和史欽泰這兩員大將適人適所的安排。

## 電子所與聯電的競合關係

在 1980 年，電子所傾其所有，把所有已經會做的和未來有把握學會的製程技術，都移轉給聯電，讓聯電可以製造電子所設計出來的 IC ，並且以自有品牌銷售。

但是，成立的前幾年，聯電並沒有 IC 設計能力，即使看到新的機會，也無力支付電子所的 IC 設計費。以技術移轉的角度出發，電子所總是先讓產品在市場上驗證成功之後，才將技術移轉給聯電。所以對聯電而言，電子所的產品總是搶得先機。

以「過河卒仔」心態奮力求生的聯電，很自然的和電子所演變成市場上的競爭對手，也在政府部門裡提出電子所「與民爭利」的觀點。

「我們不知道聯電可能有企業資金壓力這一類的問題，沒有設身處地爲他們著想，只是不了解聯電的態度，」當時負責IC產品開發的章青駒回憶齟齬的開端。

聯華電子與電子所就在這種衝突之中，既競爭又合作的走過早期的歲月。

# 2

# 聯電的大逆轉事件

「把那些傢伙都收起來吧！我不是來殺價的。今年聯電需要的產能，我們照現在的價錢加 25% 購買。」

～曹興誠談供需與價格

在尚未建立自主產品開發能力前的頭幾年，無異是聯電經營最艱苦的一段。光是建廠、試產就花了一年半的時間。廠建好了又遇到 1982 年的景氣谷底，更不幸的是，到了 10 月底，聯電剛蓋好的晶圓廠居然發生火災。那一年，聯電結算虧損新台幣 8000 萬元。

即使工廠一開工就遇到不景氣和火災，聯電仍秉持其精悍迅捷的本能，搶得千載難逢的商機。

## 搶先布局電話 IC 商機

1982 年美國電話市場開放。用戶必須向電話公司購買電話機的時代結束，消費者可自由的在市面上買到便宜、美觀的電話的時代來臨。

1982年底，聯電的曹興誠和宣明智連袂飛到美國一探究竟。他們發現美國的電話線路，每年增加兩千五百萬條，家中每個房間都裝電話的情勢正在蔓延，顯示電話市場大有可爲！

電話撥號晶片是電子所已經移轉給聯電的現成產品。當需求來臨時，只要有充足的供應量，就可以確保獲利。

看準市場，馬上行動。兩人考察回國後，就在1月中旬訂購了價值新台幣2000萬元的測試設備。

## 自動加價爭取產能

有了測試設備，接下來就是打通封裝產能的瓶頸。

曹興誠到台中找菱生（當時的封裝協力廠）的高階主管吃飯。菱生的幹部以爲曹興誠是爲了大訂單來殺價的，所以連帳簿、計算機、算盤都帶了。

但是，曹興誠笑瞇瞇的說：「把那些傢伙都收起來吧！我不是來殺價的。今年聯電需要的產能，我們照現在的價錢加25%向菱生購買。」正當菱生的高層們驚訝得尙未回過神之際，曹興誠緊接著說：「不過，我有一個條件，就是聯電要派人駐廠，確定聯電的貨做完之後，才能做別人的貨。」竟然有這種好事，客戶不但不殺價，反而自動漲價！用完餐後，這筆交易馬上拍板定案。

3月份，電話IC訂單如大浪般湧入時，「聯電把菱生的產能全包了，」讓競爭對手工研院不能在菱生下單封裝，曹興誠得意的笑了。

從1982年的四百萬顆，到1983年的兩千四百萬顆，這種爆發性的成長，讓聯電躍升爲《天下》雜誌「全台灣最賺錢企業」排行榜的第二名，僅次於獨占事業菸酒公賣局。每做100元的生意，就有30元的厚利。聯電的「精悍迅捷」，在早期這場謀定而後動的電話IC事件過程中，展露無疑。

## 台灣產業分工的濫觴

這場電話IC之役，因著菱生幾位高階幹部的協助，讓聯電能夠大量、順利出貨，使業績暴增五倍，扭轉了聯電的頹勢，也拉近與菱生高階幹部間的情誼。因此，當菱生的幹部有意自行創業時，宣明智還特地引介交大同窗好友林文伯家族給以蔡祺文爲首的菱生技術團隊認識。擁有資金和技術的雙方一拍即合，在1984年成立矽品精密。

因著這段公私兩宜的交情，讓聯電與矽品建立起最早期的策略伙伴關係，兩者一同成長。這也可說是台灣IC

產業垂直分工的濫觴。

## 產能、定價與訂單間的三角關係

曹興誠顛覆傳統的觀念之一：產能有空的時候，客戶下的單子愈大，該給客戶的折扣就應該愈大，因為這時的訂單是幫工廠填補產能，這是「大量折扣」（quantity discount）。但是產能吃緊的時候，客戶的單子愈大，應該價格愈高，因為在這種時候，客戶只要能拿得到貨就會賺錢，成了「大量溢價」（quantity premium）。

# 3

# 嘉惠產業的創新舉措

「曹董希望員工發財，不只在這裡得到溫飽，
還要有目標、有動力。有賺錢就有得分，沒有
賺錢就沒得分。」

～宣明智

產業的第一家公司，爲了生存，都會有些創新的做法，或爲後進開路或開產業先例。聯電早期就做了不少這些事。

「做管理的人，要區分『限制』和『問題』。如果是問題，就一定要解決；如果是限制，就要想辦法繞過它，找到出口，」對於經營管理頗有創見的曹興誠進一步舉例說明，「比方說，我們想從一個房間裡出去，牆壁就是限制，如果一定要從牆壁那裡出去，就只能一直撞牆。但是，只要找到門、窗，就找到了出口。」

聯電推動生產線以四班二輪制，代替原本的三班制，之後成爲業界常規，就是一個找到解決問題出口的例子。

## 首創四班二輪制

原先聯電的生產線採日班、小夜班、大夜班三班制，每班工作八小時，每週工作六天。生意好的時候，不論小夜班、大夜班，週日都要來加班。旺季的時候更是辛苦，往往連續幾週天天都要來上班。晶圓廠的工作繁複，在幾乎沒有休息的情形下工作，不但容易出錯，也有危險之虞。

1982 年，聯電開創了四班二輪制來解決這個問題。

所謂四班二輪制，就是把生產線分成四組人，每天由其中兩組人，分日夜兩班，各工作十二小時。連續工作兩天之後，可以連休兩天，換另外兩組人來值班。這樣的輪班方式，是不分週末假日的，所以設備沒有閒置的時候，產出比較多。

推出四班二輪制之後，反應很好。生產線每天二十四小時、每週七天，隨時在運作，設備的使用率達到最高，交貨時程可以縮短，員工的工時正常，也獲得合理的休息。

之後成立的晶圓廠，也都採同樣的輪班制度。

## 落實員工分紅入股制

員工可以分紅入股是在聯電成立時，就寫入公司章程裡的。爲了鼓勵人才到聯電任職，公司章程記載可分配25%的盈餘給員工。這比例之高，可想見當時大家怎麼也沒料到，聯電有一天會成爲千億大公司；也顯示當時創業

◀ 宣明智強調，員工分紅入股需與薪酬制度搭配。
（劉純興攝影）

的風險之大和員工參與意願的低落。

開張幾年之後，聯電開始賺錢，接著上市。「以前給你工作權是個恩惠，讓你養家餬口就已經不錯了。但是曹董希望員工發財，不只在這裡得到溫飽，還要有目標、有動力。有賺錢就有得分，沒有賺錢就沒得分，」宣明智說起落實員工分紅入股制的緣由。

曹興誠希望員工都發財的想法，正好有章程裡的員工分紅入股制度可以實現。和董事會反覆論辯許久，終於在1985年，聯電開始落實這套薪酬制度。和員工分紅入股搭配的，是低於水平的薪資水準。例如，曹興誠擔任總經理期間的薪水是每個月新台幣8萬元。

「不只董事長薪水低，聯電高階主管的薪水都奇低無比，升到一定的水位之後，大家的薪水都一樣，停在那裡。所以我們的分紅比例比較高，這樣才有意義。如果公司不賺錢，高階主管也沒有資格領那麼高的薪水，」宣明智悉心解釋聯電這配套薪酬辦法背後的思維。

「經過計算，提撥盈餘的8%到12%給員工分紅入股，幾年累積下來，員工的總持股比例，可以維持在合理的5%、6%左右，」宣明智說。

如此一來，公司不必以高薪吸引員工加入，但是只要大家一同努力創造業績，公司的股價就會提升。股價高的時候，員工的資產也跟著水漲船高，很能激勵同仁爲公司的獲利打拚。

## 好制度，激勵人才投入

員工分紅入股、技術股等獎勵制度，造就無數身價千萬的工程師，也吸引不少留美人才回台灣發展。美國的薪資水平一向是台灣的數倍，但是在分紅入股的誘因激勵下，回台灣工作或開公司的報酬「期望值」顯著升高。這制度爲業者吸引到一流的人才，創造1990年代台灣IC產業的興盛蓬勃，高科技從業人員從此有了「科技新貴」的封號。

曹興誠爲《管理的樂章》這本書寫的序裡特別強調：「分紅配股制度讓台灣科技業能將大量的海外高科技人才吸引回國，同時也使得國家培育的優秀畢業生，多數留在國內工作。這是過去許多大老如李國鼎先生、孫運璿先生一生夢想卻力不從心的事；而靠著分紅配股制度，現在台灣輕鬆做到了。」

分紅入股制度也可能造成弊端。長年過高比例的分紅入股，會稀釋一般股東的權益。「任何好的制度都經不起濫用，」曹興誠說，「公司經理人如果懂得自制，分紅配股制度確實有許多優點，是其他激勵制度無法取代的。」

**小辭典**

**員工分紅入股（Profit Sharing）**是公司到了年度結算分發紅利時，把紅利分成現金和股票兩種方式發給員工，讓員工既享有現金紅利，又可以獲得公司的股票，成為股東。這是吸引人才的良方。

**員工股票選擇權（Stock Options）**是公司給員工買股票的權利，而這權利限定在一段期間之內，用某個固定價格，購買一定數量的股票。員工的股票選擇權價格通常比市價稍低一些，期限可以是五年。員工在這段期間，可依照股價的市值，自行選擇實現股票選擇權的時間。等股價高於選擇權所給的價格時，員工可以用選擇權的價格，購買股票，再以市價賣出，從中賺取差額。
股票選擇權鼓勵員工拿到股票之後，為公司的成長和自己將來可賣得更好的股價而努力。

## 讓園區和加工區直接做生意

早期部分的法令跟不上需求，聯電首當其衝，必須去解決。

曹興誠說：「我們很早就有分工的觀念，雖然電子所的示範工廠有設計、製造、封裝、測試這些功能，但是，聯電一直沒有封裝、測試部門。當時，台灣的封裝測試廠都集中在台中和高雄楠梓加工出口區。剛開始，新竹科學園區的公司，不能和加工出口區直接來往。我們必須把晶圓出口到菲律賓，再從菲律賓進到加工出口區，封裝測試完畢之後，再運到菲律賓，從菲律賓送回新竹。我花了八個月突破這法令。」

需要這樣繞道，是因為加工出口區屬於台灣境外，雖然離新竹科學園區不遠，但是礙於法令規範，不能直接做生意。

在周旋於加工出口區、國貿局、經濟部之間，尋求突破法令的同時，聯電用「樣品」的名義繞道而行，但是數量比一般的樣品多。

有一次，劉英達和另一個同仁還因此遭到扣押。

曹興誠趕到現場，嚴肅的對負責扣押的人說：「我替韓國、日本、美國的競爭對手謝謝你，因為你把台灣發展 IC 的希望扣押在這裡。」

「你們的樣品怎麼可能這麼多，有幾十萬顆？」加工出口區的人質問。

「你有沒有看過海裡的魚下蛋？那都是幾億顆的。我們的出貨也是以億顆來計的，這幾十萬顆當然只能算樣品！」曹興誠笑談當初為了生存，到處說明的舊事，「那時認為幾十萬顆已經很多了，現在不論台積電還是聯電的出貨，真的都是以億顆計！」

最後這事情還是用曹興誠的方式解決了。他把所有相關主管人員邀齊了，拿出一張準備好的文件說，「既然大家都同意（加工出口區和新竹科學園區可以直接做生意），那就都簽一簽吧！」

# 4

# 聯電理想中的晶圓專工

「從垂直整合公司要轉成晶圓專工公司，等於是從產品公司變成了提供服務的公司。如果產能不快速增加，營業額會縮減成原來的三分之一。」

～曹興誠

聯電早期的經營形式是 IDM ，兼具「IC 設計」和「IC 製造」的能力。和許多早期的美國、日本、韓國 IC 公司一樣，聯電除了製造自己公司所設計出的產品之外，也兼著幫別的公司代工。

這些來尋求代工的客戶，有的是因為自己設計的產品突然熱門起來，內部工廠的產能不足以應付，所以將部分產能外包給代工廠製造；有的則是自己沒有晶圓廠的純 IC 設計公司，因此必須將產品委外製造。

## 聯電提兼營代工的增資案

1984 年，有國善、華智、茂矽等三家海外歸國學人在科學園區設立IC公司。三家公司都想蓋自己的晶圓廠，都找上交通銀行協助出資。只是三座晶圓廠的投資金額過大，交通銀行評估後認為充其量只能支持一家。在三家之間，又不知如何取捨。但是，大家已經充分認知：台灣需要增加IC製造的產能，才能讓這剛萌芽的IC產業蓬勃發展起來。

當時的解決方案之一是讓聯電擴大經營，到時候，請這三家業者的晶片設計，都拿到聯電去製造。

為此，聯電在1984年曾經提出一份「擴大聯華電子公司」的計畫書。「計畫書的主要內容在強調『垂直整合』不行了，已經進入了『垂直反整合』的時代，因此我們在擴大的同時，要考慮這種垂直反整合的趨勢，」曹興誠細說從頭。

在聯電所提出的構想中，首先就是要從事邏輯產品製造，也就是IC設計公司所做的產品；「再來很重要的一點就是，我們提出要到美國結合華人來投資設計公司，用設計公司來打頭陣，然後在台灣做晶圓專工。在計畫書裡我們也強調要將設計和製造從事國際分工、產銷互補，」曹興誠想把台灣和留美的華人IC設計公司結合起來，建構一個設計、製造、銷售分工的平台。

當時經濟部長徐立德請曹興誠將他的增資計畫書，給當時已自德儀離職，轉任GI總經理的張忠謀過目。

對於這個概念，聯電計畫書裡用的字眼是半客製（semicustom）和全客製（full custom），也就是半導體產品分類裡的ASIC（特殊應用IC）。但是，張忠謀注意到的，卻是計畫書中的高額投資和樂觀的回收估計。他認爲如果眞要回收這樣巨額的投資，發展記憶體產品較爲可能。因爲「當時的半導體產業，是靠著記憶體技術推進整個產業的快速進步；而且，當時記憶體產品的市場值，也遠比邏輯產品大很多，」史欽泰分析那時候的產業環境。

此外，客製的服務除了晶圓製造之外，還要會設計IC。客戶只要告訴IC廠他想要拿到的晶片功能和規格，自己不必設計IC線路，晶圓廠會從頭包到尾做成晶片再交貨給客戶。

張忠謀領軍的GI也曾經考慮投入這項業務。但是，「經過評估，GI自認缺乏對系統大廠的行銷和ASIC設計能力，競爭不過TI這些大公司，所以沒有進入，」多年後，張忠謀說出早年GI的評估決定。因此，對於才剛剛建立IC設計部門的聯電想做客製產品的生意，張忠謀表達不樂觀的看法。

## 轉型大不易

轉眼過了十年。曹興誠後來以「晶圓專工」來稱呼這個營運模式：「從垂直整合公司轉成晶圓專工公司非常困難。垂直整合公司要轉成IC設計很容易，只要把製造交給人家，把廠賣掉就好了，因爲你的客戶不變、產品不變、所有行銷系統不變。可是如果從垂直整合公司要轉成晶圓專工公司，等於是從產品公司變成了提供服務的公司。如果產能不快速增加，營業額會縮減成原來的三分之一，所以不可能憑空就轉過去。」

（註：營業額可能縮減爲三分之一，是因爲晶圓代工的費用約占產品價值的三分之一。垂直整合公司有自有品牌的產品，其營收包括產品定義、設計、製造、封裝測試、行銷管道與利潤等。晶圓代工是其中的製造部分，其成本約占售價的三分之一。）

# 5

# 聯電的閃電轉型、整併、再調整

「很快的，在一年之內就消除客户對我們營運模式上的疑慮。」

～胡國強

1995年，機會來了。「美國IC設計公司在95年大量上市，手上有充沛的現金，可是在台積電找不到產能，我們一看機不可失，趕緊到美國去談合作，」曹興誠說。

這個能馬上讓產能增加，彌補這短縮的三分之二生意的難得機會，就是和手上有許多現金卻拿不到產能的IC設計公司合夥蓋晶圓廠。

## 與IC設計公司閃電合夥

「我們在當年5月決定去找他們合資成立公司，6月開始接觸。7月我們就和Alliance和S3兩家設計公司簽約，8月再和七家公司簽了第二個合資案，9月把剩下的三家一網打盡，把十幾家設計公司統統拉進來做股東，成立了聯誠、聯瑞、聯嘉三家公司，募到的投資金額是16

億美元，因此我們手上就有三家晶圓專工公司，」曹興誠如數家珍般，將當年合資的歷史一股腦的說出。

「這幾家公司當時的營業額占全世界IC設計產值的一半以上。這是一個很好的時機，而且時間只有短短三個月，」曹興誠說。

1995年9月以前，市場一片榮景。但過了9月，景氣急轉直下，終端市場的買氣突然消失，店家的存貨囤積過多，在骨牌效應之下，從通路、系統業者、組裝廠、封裝測試、製造、設計，直到最上游的設備和材料商，整個供應體系上的業者，無一倖免。

「9月一過，景氣就改變了，市場上再沒有其他合資計畫成立了，」曹興誠對於自己的眼光和團隊的效率非常自豪，「談合作的當時，我和宣明智、劉英達輪番上陣，打的是車輪戰。公司的運作稱得上是日不落公司。律師背著筆記型電腦，當場談當場打，直接在螢幕前討論，有問題立刻改，然後馬上認證，十分有效率，也很緊湊。這樣的效率大概也只有台灣人和矽谷的公司能達成。」

## 五合一，收整併效益

旗下擁有聯誠、聯瑞、聯嘉等三家晶圓代工廠的聯電集團，除了專門供應合資伙伴產能之外，仍然有餘裕爲其他客戶代工。轉型晶圓專工四年之後，聯電集團經歷了1997年、98年的不景氣，同集團的幾家代工廠之間，難免發生客戶重疊及價格競爭的情形。個別公司的研發資源無法互通，必須重複投入製程開發，甚且，既有的技術也無法交流等狀況，都與晶圓專工精神相違背。

聯電副董事長、當時的聯誠總經理張崇德舉例，「聯誠與聯嘉彼此業務是競爭的，因此，一旦一方擁有什麼技術，是不可能教給另一家公司的。而殺價競爭更是讓聯電集團的平均代工價格比起台積電，足足低了15%。」

1998年聯瑞大火，間接促成之後的幾波整併。聯電首先取得部分合泰半導體的股權，之後併購日本新日鐵的半導體事業部，把兩個廠的記憶體生產線轉爲晶圓代工。到了1999年，聯電集團再以半年的時間，調整營運模式，將旗下的各個晶圓專工廠，包括聯誠、聯瑞、聯嘉，以及同時納入聯電集團旗下的合泰等公司，一起併回聯電，是爲「五合一」。

「與設計公司合資設廠是轉型爲晶圓專工時的策略做法，施行四年之後，它的階段性任務已完成，整併將更具效益，」曹興誠說。

聯電集團五合一在2000年1月初正式生效。

## 虛擬IDM式的晶圓專工

聯電轉爲晶圓專工之後的主要客戶，除了十幾家新簽約的美國業者之外，多半是從聯電衍生的IC設計公司，如聯發科、聯詠、聯陽，和合併合泰之後所衍生出來的盛群半導體等。

如果以集團的角度來看，聯電採取的晶圓專工模式在2003年之前，較側重在爲同一個事業集團旗下的各個子公司製造晶片。整個聯電集團就像是一個由許多公司組合而成的IDM集團，有專攻IC設計的公司，也有專攻IC製造的公司，還有提供ASIC元件的設計服務公司（智原科技）。這與台積電的模式是不同的。

分析起來，從1984年開始，曹興誠始終秉持「結合在北美的華人來投資設計公司，然後在聯電製造」的理想。這個模式在聯電轉型爲晶圓專工之後，透過策略聯盟、轉投資等關係，逐步落實當年勾勒的「結合」關係。

## 徹底轉型，強化競爭力

2003年4月，胡國強接任聯電執行長。他做了幾點聲明，其中包括對於聯電晶圓專工模式的調整。他指出，聯電和旗下的聯字輩IC設計子公司的互動，將回歸到正常的技術和服務上，而不是投資關係上。聯電對這些IC設計公司的持股比例將逐漸調低，以鼓勵那些和聯字輩IC設計公司競爭的業者，可以更放心的與聯電做生意。

這個宣告，起了立竿見影的效果。「很快的，在一年之內就消除客戶對我們營運模式上的疑慮。尤其在2004年市場很好的時候，我們並沒有給這些（聯字輩）公司在價錢或出貨量上的特殊優惠。這樣就澄清了這層關係，其他的客戶開始願意與聯電做生意，」如此一來，對於拉近聯電和台積電之間的距離，胡國強更有信心。

「我的理念就是，任何一個產業有兩個強有力的競爭者是件好事。因爲第一，強有力的競爭者可以確保技術的演進快速；第二，保持大家公平合理的競爭；第三，客戶也多一個選擇。所以，爲了客戶、員工、股東，我們一定要變成強有力的競爭者，」過去二十多年在矽谷帶領四個新創公司，成功率百分之百的胡國強，帶著親切又自信的微笑說，「以後還有得好拚的！」

第五章

# 成功的商業模式

1985 年，台灣積極延聘張忠謀來工研院協助發展，
此舉不但孕育了台積電，
改變半導體產業的分工模式，
更奠下台灣晶圓代工龍頭的基石，
讓台灣 IC 產業躍上國際舞台。

# 1

# 張忠謀來到台灣

在「IC設計」和「技術開發」兩個領域都不甚在行，獨獨在「製造」這個領域已經看出一點端倪，能成立什麼樣子的IC公司呢？

～張忠謀的思考

四十一歲就接任德州儀器全球集團副總裁（Group Vice President），掌管德儀世界排名第一的半導體事業部的張忠謀，在1985年8月接受工研院董事長徐賢修的邀請，來到台灣任工研院院長。這是當時的大新聞。

## 美國半導體業的VIP

張忠謀是當時美國半導體界最高位、影響力最大的經營者之一。1972年，張忠謀任內，德儀進入DRAM（動態隨機存取記憶體）產業。當時的領導業者英特爾的DRAM產品容量爲1K，爲了取得競爭優勢，張忠謀主導德儀推出4K的DRAM，從此展開DRAM容量的世代交替競爭。

此外，對於德儀最重要的MSI（Medium-scaled IC，一顆晶片上載有數百個電晶體的中型IC）產品，張忠謀也首開每推出一項新產品，就依照學習曲線降價的產品策略，這和摩爾定律的核心精神不謀而合。降價策略在兩、三年之內，讓德儀在MSI的市占率從二成提升到五成，營業額也從5000萬美元跳升十倍，到5億美元。

德儀是IC的發源地之一，從1957年到85年，蟬連全球最大的半導體公司，全球市占率高達一成。1972年，張忠謀在德儀這家執產業牛耳的企業推動的定期降價策略，以及爲新產品更替速率定調，助長了半導體產業跟著摩爾定律演進的世代交替。

離開德儀之後，張忠謀在GI擔任總裁（President and Chief Operating Officer）約一年半的時間。之後，徐賢修數度造訪，力邀張忠謀來台灣擔任工研院院長。

## 來台一圓新中國夢

生長於大陸，在美國受高等教育的張忠謀，雖然沒有在台灣定居過，但是對台灣的IC產業不完全陌生。1970年德儀在台灣和日本設廠，就是他主導的，設廠之後，有時會因公來台灣視察這裡的封裝廠。透過這些接觸，張忠謀對日本、台灣工程師的素質和作業員的紀律，留下深刻印象。從70年代開始，他也偶爾義務性的應台灣政府邀請，提供發展IC技術的建言。

張忠謀還任職德儀期間，當時的行政院長孫運璿已經爲他預備了幾個主導台灣高科技發展的職務，工研院院長就是其中之一，他都沒有接受。之後的幾年，張忠謀注意到日本通產省刻意培植半導體產業的顯著成效，他發現政府在新技術領域的催生上，可以扮演非常關鍵的角色。

適逢徐賢修三度邀請，張忠謀終於心動了。青少年時期在山城重慶避難時許下的建設新中國夢，又被喚起。帶著多年在國際級競爭環境裡呼風喚雨的歷練和自信，張忠謀擔下工研院的任務，希望將其提升成像貝爾實驗室那樣的世界級研究機構。

## 產業版塊的位移：1985年~86年

1985年，日本的DRAM產業已累積二十年的生聚教訓，在產品的品質和成本上，都優於美國。美國DRAM業者被迫將DRAM事業轉型、出售。美國政府認定日本業者對美國市場傾銷DRAM。

英特爾放棄賴以起家的DRAM生意，全力轉向微處理器發展。當年把 CMOS 技術移轉給台灣的 RCA 被奇異公司買下；台灣工程師當年受訓的工廠，則被賣給了楊丁元的老東家哈里斯公司（Harris）。

1986 年，張忠謀一方面在台灣的工研院厲行整頓，另一方面，也已經接受李國鼎的邀約，提出專業晶圓代工的構想，還為成立這樣的公司親自去行政院做簡報。

日月光半導體董事長張虔生正經歷人生最嚴重的低潮：美國的房地產事業虧損、成立三年的日月光已經把本錢花完了。張虔生在摩天大樓和日月光二者之間，選擇賣樓救日月光，進出之間損失 2000 萬美元。盧志遠此時正在貝爾實驗室，從事先端邏輯製程的研發工作。吳子倩則服務於美國應用材料公司總部的應用實驗室。

## 1987 年設專業晶圓代工廠

1984 年間，有三批留美學人返國設 IC 公司，分別是莊仁川和吳欽智創立的國善、陳正宇設立的美國茂矽，以及歐植林創立的華智。他們不約而同請求交通銀行投資蓋廠。好不容易吸引到華裔美人回台灣設立公司，卻不能全力支援他們的需求，讓交通銀行左右為難。

聯電有現成的 IC 工廠，也和其他的 IC 廠一樣兼營代工。幾年前，當時的經濟部長徐立德曾考慮投資聯電，讓它的事業更具規模，以符合市場需求。於是曹興誠提出「在美國設計、在台灣製造」的分工觀念。

在1985年9月9日的《聯合報》上，出現一篇分析報導，談到擁有自有產品的IC公司兼營代工的限制。包括在景氣好的時候，這些兼營代工業者的自有產品，可能排擠代工品的產能；客戶對產品設計保密的考量；甚至設計業者對獨門代工生意的擔憂等。

不久之後，徐立德卸任經濟部長。有關於擴大投資聯電的議題就此停住。

## 設晶圓廠，解決產能問題？

到了張忠謀接任工研院院長時，這件事還沒有解決。上一任工研院院長方賢齊把前述三家IC設計公司向政府要產能的事，列在移交給張忠謀的重要事項清單裡。另一方面，行政院科技顧問組召集人李國鼎也寄望張忠謀能解決這個問題。

對李國鼎而言，張忠謀願意來台灣，簡直是上帝的恩賜。李張二人結識於德儀到台灣設封裝廠時。從那時起，李國鼎到美國參訪，幾乎都會去德儀拜訪張忠謀，對他的成就早已欽佩不已。

在《李國鼎口述歷史》裡載到，張忠謀以爲自己是來台灣當工研院院長的。可是，才履新兩個星期，就被李國鼎約見，商談如何提升台灣的半導體工業。李國鼎問張忠謀是否出來主持一家大型晶圓廠，解決這三家的產能需求。這時，華智開發出來的 DRAM 產品，已經拿到日本、韓國代工。

張忠謀對這問題只同意了一半：只爲了三家華裔美人開的 IC 設計公司成立一家大型晶圓廠，不符經濟效益。然而，提升台灣半導體工業這件事，的確迫在眉睫。

「李國鼎安排我見當時的行政院長俞國華。他問我需要多少時間準備報告的資料，我隨口說大約一個星期吧！沒想到李國鼎過幾個小時就約好時間了，眞的只給我們一個星期左右，」張忠謀笑談李國鼎的熱心。當時的工研院副院長胡定華、電子所所長史欽泰，因此忙了兩天兩夜，準備這場簡報的資料。

## 設計、研發皆落後，唯獨製造強

在決定接受工研院院長職務之前的一個月，張忠謀曾經先來了解工研院的研發能力和人員素質等狀況。

密集簡報中，他發現工研院的共同設計中心，才剛剛開始培養IC設計人才。相較於美國受到米德、康威的影響，IC設計的專業備受重視的情形，台灣顯然落後非常多。

在已經投入了八、九年的IC製程開發方面，當時在工研院執行的VLSI計畫，擁有全台灣最先進的製程技術。但是和美、歐的水準相比，約有兩個世代的落差。同樣是由政府主導的VLSI計畫，我們也比日本晚了七年。

整體來說，即使政府持續投注經費、資源，我們也已經展現長足的進展，但是一走出台灣，和世界其他地區一比，就顯出自己的不足。

然而，台灣的製造優勢卻相當突出。從作業員、領班、研發人員，到工程師，都有相當高的水準。

在IC設計和技術開發兩個領域都不甚在行，獨獨在製造這個領域已經看出一點端倪，能成立什麼樣子的IC公司呢？

## 導出專業晶圓代工之路

幾經思考，張忠謀眞的在一週之內爲台灣下了一個大決定：成立一家史無前例的專業晶圓代工公司，這公司本身不設計IC產品，只爲客戶製造晶圓。

在這之前，幾乎所有的晶圓廠都替客戶「兼差」代工，賺些小錢貼補晶圓廠的成本，但是沒有一家公司敢「專門」做代工。沒有人知道，這專門做代工的公司會不會賺錢。

1986年初，市場情報公司Dataquest在日本箱根舉行年度研討會，當時的工研院電子所所長史欽泰應邀做了一場演講，講的就是現在台積電的營運模式。「他們雖然點頭，但是從眼神和表情看得出來，大家都不相信這樣的公司會賺錢，」深度參與台積電營運規畫的史欽泰，對大家聽完演講的反應，記憶非常深刻。

然而，張忠謀的提案有許多巧妙之處。他避開台灣在IC設計方面的弱點，充分發揮製造能力的優勢；同時，避免和世界IC大廠及既有的國內IC公司起正面衝突，反而可以成為所有IC公司的合作伙伴——所有IC公司的晶圓都可以在此製造。這家史無前例的公司，就是後來帶動全球無晶圓IC設計公司設立風潮的台積電（TSMC）。

不出幾年，台積電就證明這種專業代工的模式不但可行，而且可以很賺錢。

# 2
# 台積電的起始

「如果打一場仗需要十萬兵力，但現在只有一千人，經營者是絕不打這種仗的。」

～張忠謀

張忠謀分析自己在規劃台積電時期的兩大貢獻，除了提出專業晶圓代工的營運模式之外，就是堅持相當於美國中小型晶圓廠的資本規模。

台積電的總投資額，包括融資在內，設定在2億美元；其中自有資本占七成，約當新台幣55億元。相較於同一年成立的華邦電子的新台幣5億元，和七年前聯電的3億6000萬元，張忠謀提出的無疑是個天文數字。

但是，這天文數字其實是成爲國際級公司的最低門檻。張忠謀認爲，經營者的價值，就是發揮在這些關鍵性議題的經驗和見識上。「如果打一場仗需要十萬兵力，但現在只有一千人，經營者是絕不打這種仗的。我們不能讓一千人也上戰場，結果被打敗了，才來說是因爲人不夠的關係，」張忠謀說。

## 俞國華提明智意見

李國鼎安排張忠謀到行政院進行簡報。簡報完畢，行政院長俞國華立即指示四名財經首長和張忠謀共組「籌備小組」，由行政院開發基金主導籌資。這四名首長包括了經建會主委趙耀東、經濟部長李達海、國科會主委陳履安，以及財政部長錢純。這陣仗被稱為政府有史以來最大的事業投資案，也顯示政府對張忠謀的器重和期許。

這時聯電已經上市，股價也達40元左右，算是成功的先例。而且這時景氣大好，許多IC製造、設計公司都開始籌備。民間企業集團對於IC這行業的抗拒，雖然已經不像當年成立聯電時那麼大，但是對這個前所未聞的晶圓代工營運模式和這麼大的投資額，還是缺乏信心。

俞國華坦白的對張忠謀表示：對於台積電的資金，開發基金可以認購接近一半的股份，另一半的大部分，需要找一家國際級的半導體大公司來出資，否則剩下的那小比例的國內資金，將很難募得。

張忠謀也認同至少要找一家國際級半導體業者入股。因為專業晶圓代工廠應提供國際主流的製程技術；擁有一家國際級的半導體公司當大股東，可確保主流技術來源無虞，同時也受到智慧財產權的保護。

俞國華的財經背景，給了台積電另一個明智的建議：讓公司自有資金的比例，從六成提升到七成或更高。理由是即使頭三、五年不賺錢，也不至於發生嚴重的財務問題。「這是俞國華對台積電的兩大貢獻，」張忠謀說。

## 飛利浦成為大股東

爲了籌資，張忠謀親自對潛在的投資人做簡報。

飛利浦很早就表達了投資意願，然而姿態較高，所以張忠謀想找美國公司試試。儘管張忠謀的國際盛名吸引飛利浦主動表示合作意願，但他到美國籌資時，運氣卻沒這麼好。只有英特爾和德州儀器有興趣聽取簡報，但他們對專業代工並不表樂觀，也不願參與投資。

最後，還是和飛利浦合作，由飛利浦投資 27.5% 。同時合約中載明，飛利浦在新公司成立三年後的十年之間，有權優先購買股權超過 51%；政府的開發基金占 48.3% 股權。剩下的 24.2% 民間資本，也在幾個月之內募齊。

神通集團苗豐強記得當時他們也有點猶豫，但是在聽過張忠謀的簡報之後，苗育秀（苗豐強之父）就放心投資了。台聚的張植鑑則是非常欣賞張忠謀的國際視野和經營能力，很早就表示願意投資。

具指標意義的台塑集團，經過張忠謀三度拜訪，終於首肯投資5%的股份。然而這種投資模式並不符合台塑集團掌控大局的原則，所以在台積電初有成效時，台塑就將持股陸續脫手。

1986年，電子所成立TSMC移轉專案小組，全力配合新公司設立。1987年，台灣積體電路公司正式成立，移轉小組約一百五十位同仁也一併移轉到台積電。

## TAC顧問曾反對移轉VLSI實驗室

剛開始，對於將VLSI實驗室一併移轉給台積電這件事，TAC顧問們並不贊同。

他們的看法和當年討論衍生聯電的時候一致：台灣還很落後，需要政府繼續支援IC技術研發。如果把這VLSI實驗室轉出去了，接下來的研發計畫怎麼做？

「但是，這時的環境已經不同了，」時任電子所所長的章青駒解釋：「我們去政府做報告的時候，政府部門的人問：『我們要支持IC技術研發到何時？為什麼不把這些經費拿去支持遊艇產業？』我知道政府已經不可能支付所有的研發經費了！」

「如果只靠政府經費，實驗室每天只能運作八個小時。這樣，我們的研發進度會落後國外更多，」章青駒直指問題關鍵，「如果要讓研發趕上進度，我們必須維持全天候的運轉，得靠自己賣 IC 來支撐這個工廠的營運支出。可是電子所賣 IC ，又『與民爭利』。在這些壓力之下，我們寧可把工廠賣了。」

累積多年的壓力，終於到了臨界點。

電子所選擇放下；電子所的同仁更不願一輩子為他人作嫁衣，眼睜睜的看著自己開發出來的產品和技術，移轉給別人賺錢、員工分紅，自己卻在工研院領薪水。

於是，這被章青駒形容為「電子所上吊」的行為，「碰」的一聲，在 1987 年這個景氣大好年，開散出一堆科學園區的新公司出來。（見「產業的關鍵年：1987」，第 244 頁）

## 談判力求公平對等

台積電的成立，是台灣第一次和國際級 IC 公司的共同投資，也是產業發展的重要里程碑之一。從十年前靠著向 RCA 移轉來的技術和電子所隨後自行開發出來的技術，衍生為聯電，到這時獲得飛利浦認同，台灣已經跨入與國際大廠共同投資、一起經營 IC 事業的新境地。

然而，這時台灣的技術能力和飛利浦仍有相當大的不對等差距。「雖然飛利浦積極表示合作意願，但是在談判桌上，他們氣壯勢盛，態度頗爲強硬，」胡定華仍記得當時談判的困難。爲了確保這新的一大步跨得夠穩健，張忠謀花了很大的工夫談合作條件，力求公平對等。

當初成立聯電時，曾設定給經濟部 15% 的技術股，到了台積電成立時，張忠謀刻意讓雙方都不認技術股，以避免稀釋了資本。轉而以授權金的方式，讓台積電取得「技術保護傘」。

飛利浦與不少國際大廠都簽有智慧財產權的交互授權合約，擁有許多相互授權的專利。飛利浦既然有優先權，未來可以購買超過一半的台積電股份，它就把台積電當成子公司來保護，讓台積電也能使用這些交互授權的專利。

但是這購得過半股權的權利，始終是個潛在威脅。因此，張忠謀在合約中強調，台積電是獨立自主的公司。避免日後淪爲飛利浦的衛星工廠，或政府的公營事業。

## 飛利浦慧眼識台灣

當年名列世界半導體第五大廠的飛利浦，在歐、美等地已經擁有多個晶圓廠，專門產製自家設計、製造的 IC 產品；在 1986 年，這幾個晶圓廠的產能也尙未滿載，其實是沒有投資增加產能的必要。

爲什麼美國大廠不看好台積電專業代工的模式，反而是歐洲的飛利浦願意投資？而且是在不需要產能的時候？

主事者張忠謀的國際威望、飛利浦的國際化經營，以及台灣飛利浦建元廠的優異表現都應該是原因。

當時飛利浦建元廠的總經理羅益強從一開始就對總公司建議，台積電專業代工的方向，才是飛利浦值得合作的原因！「台灣的生產成本低，品質又好，如果就IC產業的垂直整合來看，往上走，就是設立晶圓廠，很明顯的，在台灣投資一定會比歐洲更有競爭力，」到總公司述職時，羅益強就提出這個提議。羅益強是對的，台灣的確擁有世界一流的工程師素質。

當時，飛利浦除了投資台積電外，也同意將比電子所還要先進的半導體技術，移轉給台積電。因此電子所選派了三批將要加入台積電的工程師，以半年的時間到飛利浦學習實際量產的技術。這三批工程師很快就將技術帶回台灣，不斷精益求精的結果，甚至技術還超越了飛利浦。日後，飛利浦還得派人到台積電學習提高良率之道。

# 3
# 台積電的轉捩點

「我問這位業務經理，這個（專業晶圓代工）模式能不能繼續做下去，他總是把大拇指舉起來，讓我們寬慰不少。」

～張忠謀

「其實在電子所的示範工廠時代，日本沖電氣（Oki）產能不夠，我們曾經替他們代工，做卡西歐（CASIO）電子錶用的IC，所以我知道做代工可以賺錢，」當年的營運副總經理、現為台積電副董事長的曾繁城說。

## 溫馨的辛酸往事

儘管對代工有憧憬，但是，開始時那一段看不到訂單的日子，還是難免讓人徬徨懷疑。而且，如果飛利浦眞的按照合約，要求買足超過一半的股權，台積電將馬上變成外商的子公司，連上市的機會也沒有了。

「回憶是很奇怪的一件事，往往以前是很艱苦、辛酸的歲月，但如果有好的結果，回憶起來卻非常溫馨，」張忠謀說。

例如1987年，台積電剛剛成立，那一年公司還處於小幅虧損狀態，雖然虧損是預料中的事，但是經營階層對此還是相當憂心。「當時，我們在美國請了一位業務經理，頭兩年他每次回來，都沒帶來訂單。我問這位業務經理，這個（專業晶圓代工）模式能不能繼續做下去，他總是把大拇指舉起來，讓我們寬慰不少，」張忠謀在2004年底的資深員工頒獎典禮上回溯這段往事。

「到了1989年，我已經不問這個問題了。記得當時訂單漸漸進來，而且都是像Intel、TI這些大公司的訂單，台積電已經走出自己的路來了！」走過慘澹，張忠謀對台積電更具信心，「那一年我們也開始實施員工入股制度。今天回頭看，當時10元的股票，加上股子股孫，現在已經成長一百倍，變成1000元了！」

## 英特爾幫了大忙

「台積電為什麼會活過來，因為英特爾。葛洛夫幫了大忙！」產業大老胡定華說。

1987年底，發生了一件對台積電影響深遠的大事，就是英特爾的認證。

當時的英特爾執行長葛洛夫（Andrew Grove）首度來台灣訪問，「他很好奇爲什麼他們的微處理器在亞洲的台灣用得特別多，所以來了解，」曾繁城說。

趁這機會，台積電邀請葛洛夫到位於工研院內的台積電一廠參觀。由營運副總經理曾繁城向葛洛夫簡報。

聽完簡報之後，葛洛夫問了曾繁城兩個問題：第一，台積電眞的有一座六吋廠？是不是自己蓋的？第二，台積電六吋廠生產時，有沒有發生過什麼重大事件讓它完全停擺過？因爲英特爾的六吋廠曾經發生過重大事件，被迫停產一段時間。「對回答滿意之後，他問了我們當時的技術能力，回去就交代部屬來試用台積電，」曾繁城回憶。

1988年2月，英特爾的一組認證人馬來到台積電，展開爲期一年多的認證工作，對台積電上上下下、結結實實的訓練了一回。

半導體製程裡的兩百多道步驟，英特爾一步一步檢查，檢查通過才到下一站。英特爾共挑出兩百多個問題，要求台積電改進。「我們看來是小問題，他們卻絕不妥協，」曾繁城說。

於是，大家咬著牙，一點一滴改進。對晶圓代工來說，品質穩定是最重要的。但是，「當時沒有ISO驗證，我們要怎麼讓大家都相信台積電的品質穩定呢？就是要找到像英特爾這樣全世界最有名的公司來用我們，因爲大家都知道他們的規定很嚴格，」曾繁城說。

國際公司的製造，都有標準的品質程序。如果要換機器，需要經過經理、廠長審查；想改製程配方，更要得到經理、廠長和客戶的同意。英特爾的要求嚴謹是眾所周知的，所以被英特爾驗證通過的業者，等於拿到了一張品質證書。

「果眞，在英特爾完成認證之前，國外的客戶就已經聞風而來了，」曾繁城的微笑裡，露出先見之明的自信。

## 聘請外籍總經理

但是葛洛夫爲什麼會來台積電參觀呢？

「要不是因爲戴克（James E. Dukes，台積電第一任總經理）及張董事長和他是舊識，葛洛夫也不會來台積電參觀，」代表台積電向葛洛夫做簡報的曾繁城說。

張忠謀向來主張，既然是國際公司，就要找國際知名的人士來當總經理。在業務上，藉助他們在國際上的人脈，提升台積電的知名度，把國際客戶拉進來。在管理上，外籍總經理擅長建立制度。打從一開始就讓外國人來管理，可以讓台積電的「人治」色彩降到最低。此外，為了向總經理報告，全公司上上下下都必須有一定程度的英文溝通能力。當英文溝通變成習慣之後，自然而然移除了台灣公司國際化的藩籬。

在幾位人選都拒絕之後，台積電終於請到原奇異公司半導體部門總裁戴克，加入台積電擔任第一任總經理。

雖然戴克在台積電服務期間不長，卻促成英特爾執行長來台積電參觀這件影響深遠的大事。

1989 年 5 月，英特爾認證完畢，成為台積電第一家 IDM 客戶。「這是國際化的第一步，走成了這一步，其他客戶就跟著進來了，」曾繁城說。

因著英特爾的認證，台積電自 1990 年以後，不但沒有虧損的紀錄，還以每年百億台幣的速度，迅速成長。

## 台積電股票變黃金

台積電的迅速成長也讓當年的投資者，陸續嘗到甜美的果實。1997 年，飛利浦第一次出售台積電持股，立即進帳 8 億 8000 萬美元（超過新台幣 260 億元），投資報酬率達十倍以上。之後，又在 2003 年、2005 年陸續將台積電股票轉為市值更高的美國存託憑證（ADR）。在飛利浦全球的投資事業上，台積電一直是投資成功的象徵。

行政院開發基金更是投資的大贏家。占近半數台積電股本的開發基金，在 1998 年到 2002 年間，陸續售出股票。當年新台幣 20 多億元的投資，回收超過新台幣千億元以上。

開發基金從最早擁有台積電近半數的股權，到 2006 年 3 月，剩下 7% 的台積電股票。但以現在的市值，這 7% 股份的價值仍高達新台幣 1000 億元以上。

# 4
# 台積電的專業晶圓代工模式

「我們希望良率高，要將品質控制在一定的精準度，所以不能把製程的規格訂得太鬆。以前只訂一個標準差，我要求改成三個標準差的精密度。」

～曾繁城

1985年8月，國內官員還在爲不知如何解決國善、華智、茂矽等三家公司的資金和產能問題的同時，張忠謀受聘來台準備主持工研院。

李國鼎對他有殷切的期盼。他馬上約見張忠謀，討論是否應該設立新的IC廠。

## 別無選擇的決定

張忠謀注意到台灣的IC設計能力還很弱；在製程技術開發方面，也落後先進國家。於是他提出以主流技術，純粹爲他人製造IC的「專業晶圓代工」營運模式。

純粹就是「專注」。其他的IDM公司做代工，都是因爲產能閒置在那裡，可以兼著幫別人製造晶圓。這種「有空的時候做，忙的時候就不做」的兼職方式，給人不可靠的感覺。如果一家 IC 設計公司的產品，完全倚賴這種不可靠的兼職代工服務，是很難說服股東拿錢出來投資的。

當台積電這家純粹做晶圓代工的公司開始營運時，亦即宣示客戶的晶圓生產有了專職化的保證，這才眞正誘發了 IC 設計的發展，進而引爆了產業變革。

「台積電後來眞正運作的方式，大致上和原先的企畫案相同，但是小處有調整，」胡定華說。

## 始料未及的客戶群

在原先構想中，這新公司的產能將爲三種客戶服務。有大約三成的產能是提供給國內優先使用；剩下的七成之中，大部分是替諸如飛利浦、德州儀器、英特爾等這些國際級 IDM 公司代工，只有小部分爲海外爲數甚少的 IC 設計業製造晶圓。所以，台積電一開張，就設定爲世界級的公司，因爲在構想中，最主要的客戶是製程最先進、對於製造過程要求極高的國際級 IDM 大廠。

但眞正運作之後，占台積電營收最高的客戶群，反而是原先預計比例最小的海外 IC 設計公司，大多集中在北

## 晶圓代工客戶型態及營收表現

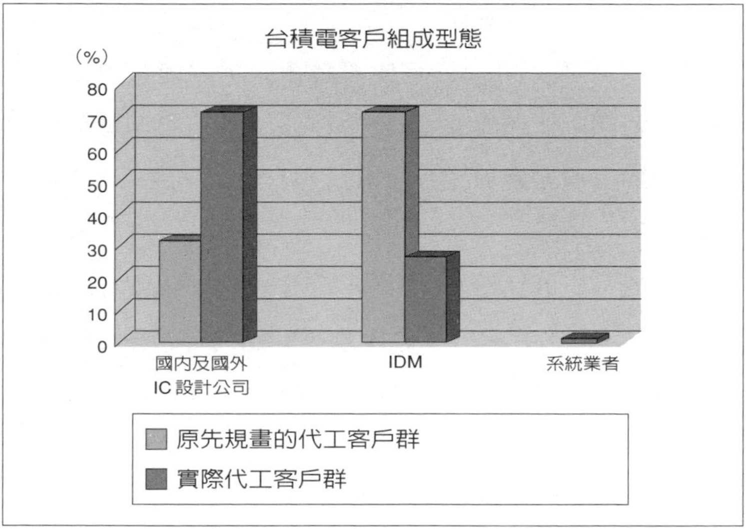


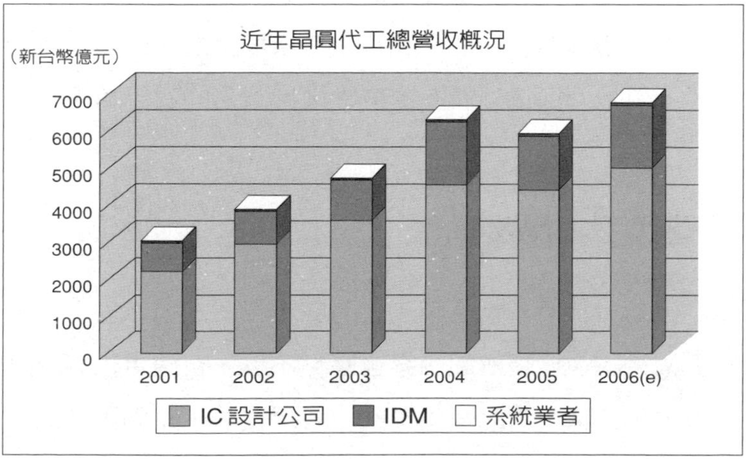


註：2006 年為預估值

資料來源：工研院

美地區。

因爲有了台積電這樣獨立的專業代工公司，有創意的IC設計人才不必再耗費巨資蓋晶圓廠，才能實現他們的理想，明顯降低開發IC晶片的進入障礙，讓創意可以源源不斷的實現，進而助長了IC設計業的發展。這是始料未及的重大影響。

至於原先最爲看好的IDM公司，則是等到大約1990年代末期，配合製造成本愈來愈高的趨勢，台積電的「群山計畫」（見第218頁）奏效，IDM公司才開始較大規模的和台積電合作。

少了聯電轉型時的營收壓力和照顧衍生IC設計公司的責任，台積電一開始就是中立的、純粹的晶圓代工公司。在台積電的客戶群中，不乏在市場上拚得頭破血流的對手，但他們卻都分別與台積電維持緊密的伙伴關係。

## 晶圓代工　馬步篇

雖然台積電首創晶圓代工的商業模式，但歷史上，創新者被後進大廠驅離的個案也屢見不鮮，台積電也不乏競爭者。爲什麼台灣晶圓代工業，可以從頭一路領先其他角逐者，掌握全世界六成以上的市場？

有什麼東西是別人學不來的嗎？代工不就是幫別人把設計的東西製造出來嗎？到底難在哪裡呢？

打從一開始，曾繁城就深切明瞭，要在晶圓代工這一行勝出，整體產出的績效很重要。能在最短的時間，產出最多的晶圓，而且良率高，就可確保公司的獲利無虞。所以即使第一年只有幾千片的訂單，他仍然要求同仁扎穩馬步，以備隨時有訂單來時，都可以從容上場。

## 早期營運四大重點

曾繁城以工程師特有的縝密思維，條理分明的指出台積電早期的營運重點：

**第一，要讓產出最多**，因爲產出愈多，折舊分攤之後，每一片晶圓的成本就相對降低，如果售價不錯，獲利自然高；

**第二，良率要高**，如果做到百分之百的良率，就是完全沒有損失；

**第三，客戶的晶圓測試良率也要高**。良率高，客戶高興，即使代工價格貴一點，客戶也會接受；

**第四，交貨期要準**。避免一味要求自己縮短交貨期，但是總是達不到。而應多花一點心力，預測準確的交貨期，並且盡全力準時交貨。等交貨期準確之後，再想辦法把交貨期縮短。交貨期縮短，可以讓客戶和自己的周轉都比較好，良率學習的時間也會加速。

## 代工的制勝關鍵

爲了達成這些要點，台積電在一開始的時候，就緊緊抓住了代工成功的幾個關鍵做法：

**第一，確保機器不當機**，設備應該隨時可以運作，廠裡最貴的是製程設備，所以事前的預防性保養很重要。

**其次，製程控制高精準度要求**。「我們希望良率高，要將品質控制在一定的精準度，所以不能把製程的規格訂得太鬆。以前只訂一個標準差，我要求改成三個標準差的精密度，」曾繁城說。一個標準差只有接近七成的精準度，對於早期的製程來說，還算可以應付；三個標準差則是將誤差降到1%左右。台積電及早對精密度做最高標準的要求，對於日趨精密的製程技術，是很好的養成訓練。

製程規格訂得嚴謹，是代工廠確保客戶的關鍵。當客戶發現，只有在這裡才有爲他的IC量身調製的製程時，他們怎麼會跑走呢？甚且，養成製程嚴謹的習慣，在堆疊的製程愈來愈多、堆疊的精準度要求愈來愈高時，發生錯誤的機會自然就較少，可以維持較高的良率。

**最後，就是品管圈的概念**。比方說，如果機器當機，要儘快修好，儘快上線。但是，不能設備工程師說修好了，而製程工程師卻說還是不能用。這樣就浪費時間了。所以，「我讓設備、製程、生產三個人成爲一個團隊，這機器不能運作，就是三個人共同的責任，」曾繁城說。

## 高標準自我要求

預防性的保養就是在設備運作正常的時候，做定期的維護。對講求成本的工廠而言，定期維護其實是一筆不小的花費。早期的工廠，對這種花費多半能省則省，到了設備眞正出問題的時候，才請人來修理，但是修理期間的每一分每一秒，都是成本。所以通常是在吃足苦頭之後，才會痛定思痛，開始做定期保養。

台積電在早期還沒有什麼訂單的時候，就已經自我要求做到精密製程的精準度，並且有預防性保養的觀念和做法。郭台銘的名言：「阿里山神木成其大，四千年前種子掉在土裡就決定了。」對照台積電早期的遠見，也一樣適用。

## 晶圓代工　精進篇

在張忠謀的一次演講中，提到 1968 年第一次代表德儀去日本和新力（Sony）公司簽合資契約時，新力的總裁很誠懇的請德儀不必擔心良率的問題。總裁對他說：日本女孩子（意指作業員）的手，比美國人的小得多。

▲ 被台積電員工暱稱為「老爹」的副董事長曾繁城。　（劉純興攝影）

## 善用優質的從業人員

張忠謀在演講中指出，新力總裁不是說笑話，而是至理名言。後來，美國深入研究日本的優勢，了解日本工程師、技工、作業員的素質、訓練，都比美國好很多，所以製造能力比較強。

等張忠謀來到台灣，發現台灣人的素質和日本相近，因此在台積電一開始時，就將營運設定在以製造爲主。

「台灣重教育，人又肯學，」張忠謀說。

胡定華將這個觀察再向前推到加工出口區時代：「製造技術講究的是量產經濟規模，包括成本、品質、效率，再加上生產彈性。這是台灣從1966年加工出口區時代就開始培養的能力，到現在已經累積了四十年。」雖然加工出口區做的是組裝，但是已經養成大家要求整體表現的紀律，而所謂整體的效率，「不是個人單打獨鬥的彈性。我們整體上有彈性、有效率，是因爲台灣人刻苦、耐勞、耐操。」

還有，胡定華更進一步指出，相較世界其他許多地區，如歐洲、新加坡，或以社會主義爲基礎的國家，台灣的工運顯得較少。

台灣人好學、耐操、紀律好的特質，配合我們少有工運這類影響營運效率的活動，讓製造的效率和彈性得以充分發揮。

## 大者恆大

除了人的素質之外，讓我們的晶圓代工保持領先的另一個原因是量產的營運策略。

「同樣是開發新的製程技術，只有一座晶圓廠的公司，開發出來的技術只能給那個廠用；台積電開發出來的新製程技術，可以給十個廠用，每個廠分擔的成本，只有人家的十分之一，」創意電子創辦人石克強，把晶圓代工大者恆大，需以經濟規模制勝的要素，闡釋得很清楚。

八吋晶圓是台灣晶圓代工業邁入量產規模的關鍵。「在八吋晶圓的時代，我們每十八個月蓋好一個廠，每十二個月要蓋好一個廠的殼子，」台積電曾繁城說。

即使加緊蓋廠還是不敷所用的時候，台積電、聯電兩家晶圓代工龍頭也都曾以併購、合資建廠等方式來加速擴張產能。

聯電在1998年買下新日鐵、第二年再併合泰半導體的晶圓廠，把他們轉成晶圓代工；台積電則是在1999年網路白熱化之際，被客戶需求逼到一舉買下世大和德碁。另外，聯電和IC設計業者合資建了三座八吋晶圓廠，也與英飛凌合資在新加坡建UMCi；台積電則在美國成立WaferTech，並和飛利浦合資成立位於新加坡的SSMC。

## 可以流動的產能

有了產能，接下來的重要工作是讓產能可以互相流動。

台積電執行長蔡力行最爲人所樂道的功績之一，就是讓遍布各廠的生產線，發揮最大的彈性和效率。「建八吋廠是蔡力行在台積電事業的出發點，他因爲八吋廠建功，」台積電董事長張忠謀說。

在蔡力行親自督軍下，台積電的晶圓廠在四年之內，由原來的兩座迅速擴張到五座。除了蓋廠，蔡力行還將每座廠的製程標準化，達到「完全複製」（copy exact）的效果。也就是當新的製程導入量產階段時，這個製程所需的所有公式、參數、設備配置等，也會被複製到台積電其他的廠裡。

這樣做的好處是讓客戶的產品可以在不只一個廠裡製造，景氣好的時候，產能可以在各廠之間流動；如果A

廠的產能滿載時，還有B廠、C廠的生產線可以遞補。

相較於同樣擁有數座晶圓廠，但是每個廠與不同的客戶聯盟，所以製程各不相同、無法互通的新加坡特許半導體（Chartered Semiconductor），台灣晶圓代工業者的產能彈性就大許多。有些客戶的產品，甚至可以同時在新竹、新加坡、美國三地生產。

## 多樣化的製程能力

此外，配合產能規模的擴充，多樣化的製程也是台灣晶圓代工業者引領群雄的關鍵因素。

「在台積電眾多的fabless（無晶圓廠IC設計公司）客戶中，今天的客戶和五年前已大不相同，因為五年前的客戶有的已經被淘汰了，」從張忠謀的這一段話，可以看出IC產品的變幻多端。但是不論客戶怎麼換、產品怎麼變，台灣的晶圓代工業者總是端得出合適的製程技術來滿足市場的需要。

# 5

# 台積電的客戶解決方案

「我們跟客户説，你把我們的廠，當做是自己的廠。」

～曾繁城

## 群山計畫 征服「男子漢」

後期成立的晶圓代工廠，只要援用台積電的營運模式，就可以說服股東拿錢出來投資。但是，台積電剛成立的頭幾年，產業裡普遍的思維並不認同把自己的IC拿去別人家製造，更遑論拿到太平洋彼岸了。

美商超微（Advanced Micro Devices，AMD）創辦人傑瑞桑德斯（Jerry Sanders）在1980年代說過一句廣爲傳頌的名言：「有晶圓廠的才叫男子漢」（Only real men have fabs.），更是充分展露傳統IC業者對於自有晶圓廠的重視程度。

## 扭轉「只能做成熟技術」的印象

甚且，直到1990年代，國際IC業者普遍對台灣晶圓代工廠的認知，是提供穩定、成熟的量產技術來源，雖然在品質、良率、交期的表現上都絕對優異，但是在先進技術開發這個部分，台灣仍不及國際大廠。原因之一是晶圓代工的主要客戶是IC設計公司。IC設計公司自己沒有工廠，對於製程的要求原本就不那麼高。

在1990年代後期，競爭者紛紛出現。台積電需要拉大和競爭者之間的差距，以躋身先進製程領域。讓自己進步的最好方法，就是爭取一流IDM大廠的訂單。爲了讓這些已經有晶圓廠的「男子漢」，也願意把晶片拿到代工廠來製造，台積電提出「群山計畫」。

「到了1998年，我們的0.18微米技術，已經勉強與人家（IDM大廠）同步，但還是讓人覺得不夠好，」當時帶領台積電製程研發的曾繁城說。

當時兼具設計和製造能力的IDM公司，還是比較喜歡用自己的工廠生產IC。

IDM公司對先進製程需求的時間點，總是比一般IC設計業者早，而且因爲專精於製程開發，對委外製造的要求自然嚴謹許多。代工廠想提升技術能力，最好、最快的方式就是爭取這些IDM公司的訂單，和客戶一起研發先進製程技術。

從營收的觀點來看，也應該卯足全力攻下 IDM 公司的心防。

## 爭取 IDM 下單

當時，台積電的營收中， IDM 客戶只占了一成左右， 90% 的收入是來自 IC 設計業。但是，以整個 IC 產業的產值來看，比例卻是反過來的， IDM 公司占所有市場值的九成，剩下的 10% 才是所有 IC 設計業的收入總和。

於是，在 1998 年，對登山頗有心得的曾繁城，以台灣五嶽爲名，成立了一組「群山計畫」，針對五家運用先進製程的 IDM 大廠，設置專屬的技術計畫來支援個別的不同需求。

這些以玉山、雪山、大雪山等爲代號的計畫，著實苦了當時的工程師。同樣的技術，除了台積電自有的一套製程之外，還要導入（phase-in）這些客戶的五套不同製程。但是，短短數年間，這些辛苦的投入已經開始回收。從 2001 年開始， IDM 客戶果眞成爲台積電先進製程的最早期使用者。

2000 年，全球進入十二吋廠時代。一座造價動輒 20 億到 30 億美元的十二吋廠，對中型的 IDM 廠來說，都是太沉重的負擔，於是委外代工成了這些 IDM 廠的主要策略。台積電與德州儀器、摩托羅拉及意法半導體等五家 IDM 的合作三部曲，讓台積電的營收增加不少。

## 三部曲抓緊客戶

台積電爭取這些國際 IDM 大廠的訂單，以漸進的方式取得客戶的信任基礎。

首先，台積電將 IDM 客戶已經在量產的製程，依照原廠指定的程序和配方，原原本本的導入台積電的工廠裡製造。當這最基礎的合作模式成功之後，台積電再與客戶商談互相比對、校準（align）下一世代的製程技術，大家把各自開發到一半的先進製程，拿來比對、調整，以便進行下一世代的技術開發。第三階段則是針對雙方都還沒有展開的更下一世代的先進製程，共同投入資源，一同進行先進製程的共同技術開發計畫（Joint Development Project，JDP）。

到了第三部曲，客戶和台積電的關係已經非比尋常。即使客戶想要開發第二家晶圓代工廠，也會拿和台積電合作的成果，去要求新的供應商。對新的供應商而言，想要從台積電的口中搶走這塊肉，可想而知這難度有多高了。

## 虛擬晶圓廠　就是客戶的晶圓廠

在技術方面贏得IDM客戶的芳心之後，台積電開始面臨提升服務品質的需求，因爲IDM對於製造過程的掌握，要求也相當高。

爲了讓客戶放心把公司所有的晶圓都放在台積電製造，1996年，台積電首次提出「虛擬晶圓廠」。亦即希望客戶將台積電的晶圓廠當作是自己的晶圓廠一樣，在整個製造過程中，客戶透過台積電建置的資訊平台，就能隨時掌握自己的晶圓製造進度。

「我們跟客戶說，你把我們的廠，當做是自己的廠，」曾繁城說。

## 製程透明化，客戶更安心

「虛擬晶圓廠」其實是逐漸演變出來的整體服務觀念。台積電剛成立的時候，將重心放在技術發展上，「慢慢的，有些客戶在這裡下的單很大，如果不知道自己的東西在哪理，客戶會擔心。所以我們用『虛擬晶圓廠』，讓自己愈來愈透明，」曾繁城解釋。

一個完整的晶圓製造過程，長達兩個月。兩個月的差距，對於隨時都在降價的高科技產品來說，足以致命。

這些高科技產品裡面必備的晶片，能否如期出貨，不但影響到諸如手機或液晶顯示器等產品的上市時機和價格，還會牽動晶片設計公司的營收、股價等。較小型的晶片設計公司，甚至可能因爲某一個主力產品的延誤而倒閉。所以，從晶圓進廠的那一刻起，客戶就非常關切整個製造過程是否順暢，隨時待命做必要的調整。

如果在晶圓製造的整整兩個月之中，客戶完全不知道自己的產品做得如何，過程中有沒有發生什麼不尋常的事件，需要緊急應變，只能被動等到出貨日才能看到成品，那客戶一定提心吊膽的過日子。

爲了讓客戶在整個製造過程，都能掌握自己的晶圓製造進度，台積電架設了「TSMC on-line」這個網路平台，讓客戶可以隨時查詢自己的晶圓狀況，即時獲悉所有訊息，省卻跑廠盯進度的不便。如此一來，就客戶的感覺而言，無論是位於台灣新竹、美國、或新加坡的台積電晶圓廠，就好像是自家的晶圓廠一樣，溝通方便、訊息透明。

## 代工「服務業」抓緊客戶的心

當「術」這個層面的製程技術、量產效率、產能管理等，已經發展到淋漓盡致的地步之後，下一個境界是較偏「藝」的服務。從服務抓住客戶的心，建立具忠誠度的客戶關係。

如果客戶的產品可以在新加坡、台灣、美國三地同時生產，但是對於特殊的交貨支援或技術需求，沒有專人負責對廠裡溝通；又或者，如果其中一處的工廠下班之後，客戶就求救無門，這樣的晶圓代工事業是經不起考驗的。

### 單一責任者的客服模式

有鑑於此，台積電設立了客戶服務組織。「這是一種單一責任者（owner）的觀念，就是說，這個人要負責爲客戶的任何問題，找到可以解決問題的單位，把整體服務做好，」曾繁城說。

台積電的客戶服務組織，儼然是客戶派在台積電的代表。這些客戶服務經理雖然都是台積電的員工，但是他們的工作執掌，卻是盡力爲自己所服務的客戶爭取資源，即使可能造成內部衝突也在所不惜。

有時爲因應國際客戶的全球運作，台積電會爲同一個客戶在世界各主要據點都設客戶服務經理。這些客服經理們每天以多方通話、電子郵件等方式，監管台積電各地廠區的產品狀況，下班前互相交接彼此的工作，全力做到日不落服務。

適合發展製造業的人員素質，加上規模經濟、標準化和多樣化的製程，最後以貼心和無間斷的服務，讓台灣晶圓代工業者遙遙領先。即使一路上不乏想進入晶圓代工業的各國 IDM 業者，至今卻還沒有一個打得過台積電。

**小辭典**

**IDM（Integrated Device Manufacturer）整合元件製造公司**。這名詞是 1990 年代中期市場研究公司 Gartner Group 所提出，用來區分專業晶圓代工業者、無晶圓廠 IC 設計業者，和傳統的半導體公司。當台積電、聯電、新加坡特許等專業晶圓代工廠紛紛出現之後，整個半導體產業多出了上千家規模小、富創新的 IC 設計公司，產業結構為之丕變。為了方便區分，傳統的半導體公司被稱為 IDM。

在台積電啓動的專業晶圓代工模式開始之前，幾乎所有的半導體公司，如德儀、英特爾、IBM、三星等，都是 IDM 公司。IDM 公司是兼具 IC 設計團隊和 IC 晶圓廠的 IC 公司，他們自己設計 IC 晶片，在自己的晶圓廠裡製造。

# 6
# 專業晶圓代工成爲「產業」

到了2005年，全球已經有十八家專業晶圓代工業者，集中在台灣、中國大陸、東南亞等亞太地區，而台灣整體晶圓代工支援超過全球市場的三分之二。

在1987年台積電開始做晶圓代工時，雖然認爲這個營運模式值得嘗試，但張忠謀董事長仍不只一次在公開場合表示困難度極高。然而，經過多年的發展，台積電不但確立了專業晶圓代工在半導體產業中不可或缺的地位，更順勢帶起全球IC設計業的發展。

台積電只做製造服務，沒有屬於自己的產品，每年卻可以維持超過50%的營業毛利，終於招徠競爭者，並且引爆聯電和台積電兩大晶圓代工廠的產能和技術的競賽。

## 晶圓雙雄的代工競賽

在1995年，台灣新成立了四家晶圓廠，分別是聯電集團的聯誠、聯瑞、聯嘉，和世大積體電路，都是晶圓代工廠。連同新加坡的特許半導體、以色列的寶塔（Tower Semicondcutor），這時，全球共有八家專營晶圓代工的業者。

1998年，聯電併購日本的新日鐵和台灣的合泰半導體，將他們納入晶圓代工體系。2000年，聯電與英飛凌等公司合資，在新加坡成立UMCi，同時將旗下五家晶圓廠合併回聯華電子。

另一方面，1999年景氣突然白熱化，伴隨著網際網路泡沫化之前的瘋狂商機，台積電處處被客戶催著要產能，即使馬上興建晶圓廠也遠水救不了近火。爲了儘可能快速擴張產能以維持市場占有率，台積電決定併購世大積體電路和德碁半導體。時任世大總經理的張汝京隨後轉移陣地，到中國大陸興建代工廠——中芯微電子，並帶動一波投資中國大陸晶圓代工廠的風潮。

## 台灣，晶圓代工的重鎮

到了2005年，全球已經有十八家專業晶圓代工業者，集中在台灣、中國大陸、東南亞等亞太地區。台灣的台積電和聯電仍分別居第一大及第二大。台積電在全球共擁有十個晶圓廠，主要的生產基地在台灣，於中國大陸、美國、新加坡則各有一個廠。聯電也有八座晶圓廠，除了日本、新加坡廠之外，重心也在台灣。

2005 年台積電在全球專業晶圓代工的市場占有率接近五成，而台灣整體晶圓代工支援超過全球市場的三分之二，剩下的十六家總共只占三分之一弱。

第六章

# 竹科的產業群聚

在美國，1950 年代原任職貝爾實驗室的沙克利，
在加州成立了當地第一家半導體公司；到了 1970 年代，
這個區域——矽谷——已成為世界高科技的心臟地帶。
在台灣，1970 年代開始萌芽的 IC 產業，
以工研院為源頭，以竹科為群聚中心，
從設備供應、IC 設計、DRAM、晶圓製程，
到封裝測試，甚至周邊產業，都跟著蓬勃發展。

# 1

# 產業群聚的典範——美國矽谷

任 何 人 只 要 有 打 開 市 場 商 機 的 創 意 ， 就 可 能 得
到 資 金 ， 並 且 有 許 多 人 來 幫 忙 將 創 意 成 真 。

～矽 谷 獨 有 的 創 業 思 維

從1972年開始，美國加州北部舊金山南方的聖塔克拉拉山谷（Santa Clara Valley）因爲聚集了幾十家半導體公司，而獲得「矽谷」這個名號。著名的科技公司如英特爾、惠普、超微、蘋果電腦、全錄等，都設在矽谷。到了2000年，矽谷已經是美國最大的經濟體。這裡上市高科技公司的市值，凌駕華爾街金融業、底特律的汽車業、好萊塢電影娛樂事業之上。

「任何人只要有打開市場商機的創意，就可能得到資金，並且有許多人來幫忙將創意成眞」，這是矽谷獨有的創業思維。

1976年，台灣開始規劃新竹科學園區時，美國矽谷是主要的設計藍本。台灣在新竹科學園區裡，複製出如矽谷一般的產業群聚，不但成功孕育了本地的高科技產業，

也帶動一股類似矽谷的創業勇氣和風潮。

## 沙克利把「矽」帶進「谷」裡

矽谷怎麼開始的？

1947年底，美國東岸貝爾實驗室（Bell Labs）的沙克利（William Shockley，1910-1989）、巴登（John Bardeen，1908-1991）與布萊登（Walter Brattain，1902-1987）共同發明了全世界第一顆電晶體。他們在1956年獲頒諾貝爾獎。

雖然大家都知道電晶體是個重要的發明，但在那個年代，可能只有沙克利同時也看到它的巨大商機。

1955年，沙克利放下貝爾實驗室優渥的工作環境，帶了十幾位學生，從美國東岸回到西岸的故鄉——加州北邊的帕羅阿圖（Palo Alto）發展。第二年他成立了沙克利半導體實驗室（Shockley Semiconductor Lab.），是這個區域第一家半導體公司。

這時的北加州還是一片香吉士果園。數十年之後，卻因為半導體相關的高科技公司密度之高，被稱為「矽谷」。沙克利成立的公司，被追溯為矽谷的開山鼻祖。

## 八悍將與快捷半導體

和沙克利一起來到西部的「八悍將」，不久之後因為不認同沙克利的產品理念，集體離職，找到法國鑽油公司Fairchild的資助，成立快捷半導體（Fairchild Semiconductors）。

快捷八悍將之一的諾艾斯（Robert Noyce，1927-1990）和在德州儀器上班的基比（Jack St. Clair Kilby，1923-2005）都在1958年發明了積體電路（Integrated Circuits，IC）。諾艾斯英年早逝，基比則因為這項發明在2000年獲得諾貝爾獎。

這八悍將之後又陸續離開快捷，成立自己的公司：包括積體電路發明人諾艾斯與之後提出摩爾定律的摩爾（Gordon Moore）等，在1968年共同成立了英特爾（Intel）；桑德斯（Jerry Sanders）則和七位友人，在1969年共同創辦超微；另外史伯克（Charlie Sporck）則創立國家半導體（National Semiconductor）。這開枝散葉的過程也一直持續著。

只要檢查矽谷主要半導體公司主要成員的工作資歷，幾乎都可以追溯到快捷半導體這個源頭。快捷半導體之於矽谷，類似台灣的工研院電子所之於群聚在新竹科學園區的半導體公司。

2

# 仿照矽谷，建立科學園區

「就像你在台北圓環吃這一攤，同時去點隔壁攤的小吃，然後一起結帳。這種圓環文化只有台灣有。」

～宣明智，形容台灣的產業群聚

1970年代，台灣的加工出口工業已頗有帶動經濟的成效，人工成本逐漸上漲，使得以勞力為主的加工業，有被東南亞等提供更低廉人力的地區取代之虞。當時，紡織是國內最大的工業。大部分理工背景的國立大學畢業生，因為就業無著，畢業後只好馬上出國留學，人才流失情形嚴重。

1974年，方賢齊、潘文淵等人針對這些經濟、社會現象提出IC計畫，面臨很多反對。反對者之一，是國科會主委徐賢修。他在1975年率領了一個赴日考察團，也希望為台灣的經濟與工業，找到脫胎換骨的新方向。

從一連串密集拜會、參訪之中，徐賢修領悟到台灣迫切需要建立「現代化工業能力」。

## 設科學園區　培養現代化工業能力

回國之後，徐賢修將培養台灣「現代化工業能力」的需求，落實成設立科學園區的想法。園區可以吸引海外人才回國創業、有系統的輸入台灣所需要的現代化工業能力，還可以提供國內大學畢業生良好的就業、創業環境。

行政院長蔣經國聽了有關設置科學工業園區的構想，非常高興，認爲這就是他所要的，指示國科會應將此事列爲首要之務。

之後，徐賢修又到美國訪問了十多家公司，邀請他們到台灣投資，獲得很好的反應。蔣經國聽過徐賢修美國之行的詳盡報告，對籌設園區的興趣更大了。

1976 年 5 月的財經會談中，政府決定設置「科學工業園區」，在 8 月，科學園區正式納入「六年經建計畫」中。

### 科學園區落腳新竹

著手籌備的第一個問題是地點。科學園區的地點該選在哪裡，才能實現徐賢修的願景呢？

候選地點有兩處：新竹和桃園。蔣經國決定將園區設在新竹，仿照美國加州矽谷與史丹佛、柏克萊等名校相鄰的產、學群聚模式，讓科學園區和位於竹東的工業技術研究院，以及在新竹市的交通、清華等一流大學比鄰而居。

二十年之後，新竹也像早年的矽谷一樣，從一片茶園、相思林、米粉、貢丸、玻璃廠的農業小縣，搖身變爲高科技廠房林立的所在。

## 設雙語學校吸引學人歸國

在科學園區成立初期，台灣的生活水平，離美國還有一大段距離。爲了增加歸國學人回台灣發展的意願，科學園區仿照美式住宅的環境和設計，建構了綠茵草地上的湖濱社區，讓歸國學人的居住環境不至與國外落差太大。此外，也排除萬難，設置雙語學校，讓這些海外學人的孩子在台灣就學。

雙語學校的提案人是現任欣銓科技董事長盧志遠。他指出，通常中壯年的海外學人評估是否要回來，最大的顧慮是小孩的教育問題。「我們自己可以犧牲，小孩的前途絕不能犧牲。如果小孩原來在美國的學校念書，要他回台灣上學，吃的午餐裡有魚頭、上的廁所有味道，美國小孩會嚇壞的！」盧志遠說。

「如果孩子不願意在台灣就學，為了照顧小孩，妻子就不能定居在台灣，這種夫妻分隔兩地的做法會造成家庭問題。」因此，當時在科技顧問組兼職的盧志遠提出設雙語學校的構想，讓回國發展的中階主管們在國外出生的孩子，都可以念雙語學校。

當時立法院對這雙語學校的做法，因為缺乏法源依據而有頗多質疑。「為什麼拿納稅人的錢讓他們學英文？為什麼他們不學中文？」是最直接、普遍的反應。盧志遠說：「那時如果沒有李國鼎、孫運璿，這事情就不了了之了。」後來，這所雙語學校的名稱中，有「實驗」兩個字，就是凸顯它無法源根據、非常態的實驗性質。

從科學園區內海外歸國人士的統計數字，不難看出如雙語學校、園區宿舍等設置的正面效益。到2005年為止，歷年從海外歸國後直接到園區工作的人數已達四千人以上，由他們參與設立的園區公司則超過一百一十家，其中不乏國際知名的IC公司，如鈺創科技、矽成半導體、晶豪科技、旺宏電子等。旺宏在1989年設立時，一舉帶回二十八個家庭，更是當年引人注目的創舉。

## 孕育台灣 IC 產業

在徐賢修的原始構想中，新竹科學園區是仿效加工出口區的模式，用來吸引高科技跨國公司來台設立子公司，以改良進口技術的方式，增長我們的實力。之所以仰賴外商提升技術層次，是因爲當時我們沒有研究開發的能力。

但是因爲執行 IC 計畫成功，台灣已經從 IC 的荒島，演變爲可以設計、量產 IC 的地區。在 1980 年 12 月 15 日科學園區開張的那一天，從工研院 IC 計畫衍生的聯華電子，成爲進駐園區的第一家業者。之後的二十餘年，新竹科學園區成爲工研院的衍生公司、離職員工，和海外歸國學人創業的沃土。在科學園區的產業聚落裡，只有少數幾家跨國集團子公司，絕大多數都是台灣本土廠商。

IC 產業一直是新竹科學園區的台柱。在 2004 年，園區內 IC 業者的產值高達整個新竹科學園區的七成。台積電、聯電、聯發科技、凌陽科技等在世界舞台上發光發亮的 IC 公司事業總部，都設在這裡。全球高達五成的專業晶圓代工產能，也集中在新竹科學園區內。

## 群聚效應　為競爭優勢加分

2005年，在科學園區成立二十五週年的慶祝活動上，台積電董事長張忠謀應邀做專題演講。他除了推崇前國科會主委徐賢修對於促成科學園區的貢獻之外，也指出園區的成功，是因爲產業的群聚效應。現在大家都知道管理學大師麥可波特（Michael Porter）在競爭優勢理論中提出「產業群聚」。但早在理論創建出來之前，竹科的群聚效應早已浮現。

發展了二十五年的新竹科學園區，提供超過十萬人以上的就業機會，總產值占台灣GDP的11%。

### 群聚效應發酵

1980年代末期，隨著PC產業的興盛發展，台灣逐漸成爲世界資訊硬體的製造中心。爲了吸引這些高科技業者進駐，科學園區管理局提出單一窗口的服務，方便申辦設立公司、工廠所需的手續。此外，除了有政府興建的標準廠房可供廠商租用之外，業者也可以租地自建廠房。甚至連倉儲、運輸、報關、銀行等周邊服務業者，都群聚在此，讓進駐園區的高科技公司做起生意來，更加便利。

吸引了第一批業者後，科學園區的群聚效應開始發酵。爲了接近客戶和議價能力強的代工業者，舉凡晶圓供應商、製程設備商、IC設計公司、封裝測試業者，無不積極申請進駐園區。科學園區成了一塊大吸鐵，所有IC上下游業者都想在科學園區和周邊地帶，謀個一席之地。

## 緊密接合的分工體系

「聯電不做封裝、測試，也不做光罩，而是培養我們的協力廠來賺我們的錢，」聯電榮譽副董事長宣明智點出分工體系的運作。

當這分工體系群聚在一處的時候，對於合作伙伴的選擇性增加，讓品質自然提升。「在自己的專業上考九十五分，也會去找其他考九十五分的人來合作，」宣明智說。明確的分工，使得台灣的彈性、效率與交貨期，比起高度垂直整合的日本，足足快了一倍。

「就像你在台北圓環吃這一攤，同時去點隔壁攤的小吃，然後一起結帳。這種圓環文化只有台灣有，」宣明智用圓環小吃做比喻，形容園區內上下游產業聚落唇齒相依，但又各自獨立的合作關係。

產業群聚不但意味著效率、便利、產業情報流通快速，也表示競爭對手就近在咫尺。福華先進微電子董事長楊丁元說：「你不得不去看別人在做什麼，保持警覺心在做事。」群聚逼著大家成長。

另一方面，群聚也代表員工私人關係的錯綜複雜。下班之後的樓下鄰居、大學時代的同學、中午吃飯時坐在隔壁桌的客人，或者是自己的配偶、小姨子，都有可能在角逐同一市場的競爭對手公司上班。這一層私人的關係，讓聚落中所有的成員之間，交織出一張密密麻麻的人際網。資訊的交流，每天在這人際網絡中熙熙攘攘的進行著。

## 特殊的交流文化

員工私底下互通有無是台灣特有的文化。雖然上位的決策者在策略上競爭得很厲害，但是中低階幹部其實是非常交流的。甲公司晶圓廠裡的某個設備零件壞了，剛好沒有庫存，員工會到乙公司的晶圓廠借用，等新貨到了再還都不遲。今天你幫我，明天我幫你。這種不同公司的中低階主管私下互助的事，在世界其他地區是很少見的。

運用這文化上的特性，在不影響營業利益的前提之下，世界先進發起了「八吋晶圓廠製造部經理聯誼會」，讓各晶圓廠主管之間擁有正式的交流管道。舉凡作業員的薪酬、福利、廠裡推的品質活動等，都可以在這裡交流。

所以，在科學園區的晶圓廠裡，一年到頭不乏各式各樣創新有趣的品質宣導、競賽，甚至團體活動等等。這些活動其實不全是各公司自己想出來的，許多是透過這正式的交流管道，從其他公司貢獻出來的，所有聯誼會的成員都可以借來用一用。

「這圈子很小。從一個角度講，讓台灣技術的擴散很快，」欣銓科技董事長盧志遠說。群聚效應讓整個聚落的步調趨向一致。當某個廠發展出比原先好一點的製造流程，幾個月之後，其他的廠也會了。

台灣IC產業的聚落，似乎已經形成一股進步的潮流。在這聚落裡的業者，不論是自己勵精圖治，或從別人那裡學些好的經驗，都可以不斷的進步著，無形中提升了整體產業的競爭力。

3

# 產業的關鍵年： 1987

「算了，我帶你們出去吧！」

～楊丁元成立華邦的那句話

1987 年 10 月 19 日是美國股市有史以來最慘的一天，被稱爲「黑色星期一」，在一日之內，股票指數暴跌 23%，接著連續幾年美國經濟不振。但與此同時，台灣股市卻熱絡狂飆，從 1987 年的一千點，直升到 1990 年的一萬兩千點。

這時的日本 IC 產業已經默默熬出頭了。在 DRAM 的品質和成本上，都優於美國業者。

當美國政府驚覺日本對美國 IC 產業所造成的強大衝擊時，就在 1987 年和十四家 IC 業者共同成立 SEMATECH（Semiconductor Manufacturing TECHnology，半導體製造技術產業聯盟），從根基著手，致力於 IC 製造設備的開發，以挽救美國 IC 產業的頹勢。

就在傳統的美國 IC 公司備受挑戰之際，矽谷一家專門做 PC 晶片組的 IC 設計公司 Chips and Technologies

（C&T），卻賺大錢上市了。C&T是全世界第一家上市的IC設計公司，又因爲成立才二十二個月就交出這樣好的成績，讓IC設計和製造分家的營運模式，開始受到更廣泛的重視。

## 投資熱潮突然湧現

同在1987年，台灣政府宣布解嚴、開放報禁及黨禁、開放人民到大陸探親。隨著大量台胞到大陸探親旅遊，其中一些人在親友的幫助下，開始在大陸進行小規模的投資活動。大陸政府便制定了一系列鼓勵政策，順勢吸引台商登陸投資。台灣業者開始赴大陸投資成衣、食品等行業。

台灣資訊工業年產值從1982年不到新台幣2億元的規模，成長到1987年的38億元，已經成爲以全球最大的監視器生產地。1986年，IBM決定授權台灣製造PC。發達的資訊工業，成爲IC業者的最大客戶，內需市場成長強勁。

這是「台灣錢淹腳目」的時代，IC設計公司突然像雨後春筍般冒了出來。很快的，海外華人也帶著優異的設計能力和矽谷的人脈網絡進駐台灣，爲台灣的IC產業注入新的動力。

「聯電在 1987 年創造了相當好的獲利，當時每個員工一個月拿兩個月的薪水，還有股票紅利可以拿。所以，當初投資聯電的民間企業，像華泰、華新麗華，就把聯電的股票賣掉，去成立自己的公司，」蔡明介回憶。

這時的產業發展環境猶如一片沃土，只要有人來撒種，就會結實纍纍。於是，發展的浪潮一旦啓動，馬上像滾雪球一樣，形成勢不可擋的動能。

新公司的新氣象，總是形成一股吸引力。

## 一年內成立三家晶圓廠

華隆集團投資的華隆微電子在 1987 年 4 月成立，是國內第一家純粹由民間投資的 IDM 公司，吸引大批工研院電子所和一些聯華電子的員工加入。華隆微在 1987 年建廠。第二年就已經可以和電子所的示範工廠一樣，以 2 微米技術大量生產 IC ，主要產品也和電子所相同，集中在消費性 IC 領域。

相較於台積電自工研院電子所所接受的大規模技術移轉，獲得 2 微米的製程技術，華隆微可以平地躍升到同樣等級的製程能力，實在太神奇了！再加上產品相似度過高，引發工研院控告幾位離職轉往華隆微發展的員工，未經授權使用工研院的技術。這個官司纏訟多年，工研院被判證據無效，以和解收場。之後，華隆微透過策略聯盟的方式，來擴展它的產品線。

電子所的同仁在後有同事轉戰華隆微，前有台積電百億計畫與移轉百位製程團隊的影響下，人心思動。示範工廠的員工尤其擔憂自己的未來。

這時，楊丁元的一句：「算了，我帶你們出去吧！」園區裡又多了一家晶圓廠。

這一群電子所IC設計與應用方面的人才，很快找到華新麗華等公司投資。就在台積電百億計畫之後幾個月，以新台幣5億元的資本額創立華邦電子，一開始就以PC用IC爲主要產品。

一年之內被兩家晶圓廠和政府的衍生計畫，帶走了IC設計和製程領域的團隊，把工研院電子所的流動率推到頂點。當時不乏拿著薪水單去科學園區「議價」的員工。尤其是電子所的工程師或課長，轉戰到新公司之後，舞台更大，可以擔任全公司產品開發的負責人。因此，常有整個部門除了祕書和正在服國防役不能離開的工程師以外，其他員工全走光了的情形。

研究單位人才流往產業界，象徵產業的需求提升，該是百花齊放的時候了！

## IC 設計產業快速繁衍

在這個創業的黃金時期，也有許多人響應晶圓製造和設計分家的想法，出來成立 IC 設計公司。較之晶圓廠動輒僱用上百位工程師，IC 設計業者的規模就精簡得多，因此團隊的變動機會也比較大。較早期成立的 IC 設計公司多半與電子所的淵源深厚，也專注在消費性 IC 設計上。在發展的歷程中，也常有團隊離職，衍生成立新設計公司的情形。

1983 年，吳啓勇離開太欣半導體，在台北成立合德半導體，從事特殊應用 IC 設計。1987 年，朱文宏、邱正中從合德離職，成立詮華電子；合德的主要經營團隊，則在 1988 年搬到新竹科學園區，改爲合泰半導體，蓋了一座五吋晶圓廠，專注於消費性 IC 產品上。合德的工程師賴志賢，選擇不搬到新竹上班，在 1991 年成立台灣第一家 IC 設計服務的專業公司——巨有科技。

1987 年，郭正忠、蔡志忠、黃洲杰、談雲生等人，從工研院電子所離職，找到杜俊元出資，成立矽統科技。

過了幾年，杜俊元網羅了原任職於英特爾的劉曉明，開始專注在晶片組、繪圖晶片上。黃洲杰等原來在矽統的消費性IC團隊，離開另組凌陽科技；郭正忠不久之後也成立以SRAM（靜態隨機存取記憶體）設計爲重點的宇慶科技。

瑞昱半導體則是由黃志堅、楊丕全等七位從電子所轉到聯華電子，之後又從聯電離職的工程師於1987年創立的。瑞昱以消費性IC和PC用IC爲主要產品線。爲了掌握最新的PC技術和市場，瑞昱併購了美國Avence Microelectronics，以確保能更及時取得矽谷有關PC系統相關的技術資訊。

在1980年前期受到政府鼓勵回台創業的國善電子，因爲台灣當時還沒有高科技股票市場，只能以美國公司上市，但是台灣與美國公司的股東結構不同，造成利益上的衝突，於1985年結束業務。兩年後，宏碁集團的共同創辦人施振榮把國善的吳欽智找回台灣，創辦揚智科技。剛開始，揚智是隸屬於宏碁集團的電腦晶片設計事業，1993年登記爲獨立的公司。

瑞昱、詮華、矽統、普誠、揚智等IC設計公司，以及華隆微電子、華邦電子、大王電子和台積電等，都在

1987 年成立。

## 下游及支援產業也蓬勃

受到設計和製造的需求帶動，1988 年開始，陸續又有下游的封裝、測試業者，如福雷、立衛、華特、巨大等公司成立。

支援產業也一一到位。由矽谷知名華人黃炎松創辦的自動化設計工具龍頭益華電腦（Cadence 的前身），率先在 1985 年於科學園區設立研發中心。全球最大半導體製程設備製造公司應用材料（Applied Materials）也在 1989 年來台灣成立子公司。

# 4

# 海外華人回台開公司

「選擇回台灣發展，是因為希望提升這個產業鏈的價值。」

～吳子倩

1988年，美國應用材料公司一位華裔經理來台積電出差，巧遇從美國回台灣投入半導體產業的友人。在美國看多了優秀華裔工程師的傑出表現，深信沒有什麼是華人不會做的，再加上新竹科學園區的良好規畫和員工分紅入股制度，這位華裔經理看出台灣發展IC產業的無窮潛力。回到美國之後，便主動向公司提出來台灣發展的意向。她就是吳子倩，在1989年成立台灣應用材料公司。

吳子倩是一個典型的例子。許多人像她一樣，被蓄勢待發的台灣IC產業發展環境所吸引。「選擇回台灣發展，是因爲希望提升這個產業鏈的價值，」吳子倩說。

1989年底，由吳敏求領軍，以四十位海外返國的專業人才所組成的旺宏電子，在科學園區成立，由胡定華擔任董事長。這家以生產非揮發性記憶體IC公司的成立，相當具有指標意義，因爲他們帶回了二十八個在美國已經落地生根的家庭。除了事業發展的空間、領導者的魅力之外，如果沒有員工分紅入股制度和優質生活環境、教育條件等科學園區提供的完整配套措施，還是很難吸引到這樣大規模的高科技專業團隊。

旺宏的創舉，不但激勵國內的產業，也震驚矽谷，讓美國公司更重視華人的升遷，以免流失更多華裔精英。

## 回國立業，「勢」難阻擋

但是，這「勢」一旦形成，就很難阻擋，自海外回來發展的精英人才愈來愈多。

韓光宇將原本在矽谷的IC設計公司移回台灣，只留下一小部分的設計團隊在矽谷，以保有公司和先進技術資源的連結，於1990年在科學園區設立矽成半導體。

曾任職IBM的湯宇方，也在1991年回台灣成立民生科技。其他還有盧超群、趙瑚等人，也是從IBM回台灣創立技術原創性相當高的鈺創科技。

到1990年代初期，有了歸國學人的挹注，台灣IC業者與美國產業的關係加深，適時稀釋了產業裡電子所的色彩。讓整個產業不論產品、技術來源，都更豐富多元。

第七章

# 台灣DRAM的故事

1980年代末期，
三星總裁李建熙一句「台灣做不過韓國」的話，
並未阻卻台灣DRAM業的發展，
從工研院的次微米計畫突破DRAM技術開始，
台灣的DRAM故事，有如一部曲折坎坷的劇情片，
有過光耀的一頁，也有諸多艱辛與轉折。

# 1

# 台灣如何進入DRAM產業？

「你們台灣做不過韓國的。因為你們一般民間企業的資金不夠支撐這種事業，靠政府又效率不彰。在三星，我只要一聲令下，就全部動員了。」

～三星集團李建熙

台灣第一批DRAM公司，分別是莊仁川和吳欽智創立的國善、陳正宇設立的美國茂矽，以及歐植林創立的華智。三家公司都是新竹科學園區邀回的華裔團隊。

## 華智、茂矽、國善為先鋒

華智創辦於1984年。華智的設計團隊和工研院電子所的VLSI實驗室，共同開發DRAM技術。這時，台灣沒有DRAM的製造工廠，只好委託韓國和日本廠商製造，此事在國內引發成立大型晶圓廠的討論。

不久後，華智的部分班底出走。在1987年，由陳正宇領軍成立台灣茂矽，也是一家DRAM公司。華智和台灣茂矽都需要晶圓廠，然而建一座六吋廠需要新台幣60億元，對兩家公司而言，都是過大的負擔，於是台灣茂矽於1991年合併華智和美國茂矽，合建一座六吋廠。茂矽的第一任董事長爲陳正宇，總經理爲歐植林，合併後的股本爲新台幣66億元，比台積電的55億元還要多。

## 玩不起的行業

1986年之後，全球DRAM連續幾十個月嚴重缺貨。當時，台灣的個人電腦產業產值幾乎每年倍增，但PC業者要不是拿不到DRAM，就是必須咬著牙忍受飛漲的DRAM價格。強大的市場需求，吸引更多業者亟欲進入DRAM產業，但是進入DRAM的門檻相當高。

直到1980年代中葉，DRAM仍是驗證摩爾定律的指標。每隔三年就進入一個更先進的技術世代，晶片的大小維持不變，但是記憶容量增加四倍。這種演進的速度，對業者而言，是永無止境的研發、投資。

更關鍵的挑戰是，DRAM是大量製造的標準產品，每個業者生產的DRAM都相同。當各家產品沒有差異的時候，價格就成了競爭關鍵。

張忠謀用學習曲線（Learning Curve）說明DRAM的

經營與價格戰模式：**當某公司的某個世代DRAM累積銷售量增加一倍時，它的單位成本就會降低30%。換言之，當某家公司的DRAM率先進入新的世代時，只要累積的銷售量倍增，就可以在市場上藉著操控降價的速度，擠壓跟隨者的獲利空間，占盡優勢。**

反觀速度稍微落後的業者，自然落於學習曲線的下風，當領導業者發動降價，這些落後的業者馬上面臨售價低於成本的煎熬，就是業者常說的「賣一顆、賠一顆」。但是如果還想在這個產業玩下去，就必須硬著頭皮繼續生產，好讓自己快一點過渡到學習曲線的下一個階段，至少使成本下降的速度和領先者相近，可以少虧一點。

## DRAM的景氣循環

標準型DRAM是大宗物資，每家業者做的DRAM功能完全相同，供過於求的結果是景氣馬上下滑。用來製造DRAM的設備，有半數無法轉做邏輯產品。虧本的時候，業者想轉行也轉不了。爲了繼續在學習曲線上進步，以降低成本，業者即使賠錢還是得要繼續生產DRAM，免不了陷入割喉戰。

同樣的道理，DRAM「景氣好轉」背後的原因就是所有的DRAM業者在上一波不景氣期間，殺價競爭得元氣大傷，有一段時間根本沒有餘裕投資新的製造廠。但是市場的需求一直持續增加中，等庫存的DRAM都消化掉、而且全球DRAM業者都卯足了勁生產、加緊腳步建廠，還是無法完全滿足市場的需求時，DRAM的價格就會明顯上揚。這時景氣轉好，業者又可以享受一陣子的好光景。

景氣非常好的時候，在供不應求的情況下，DRAM業者只能以部分比例交貨。客戶爲了多拿些產品，難免虛報訂單，這又埋下了DRAM業者錯估市場需求的因子，總會有業者投資過多，引發下一次景氣循環。DRAM的景氣週期，就這樣週而復始的上下起伏著。

在這樣的產業求生存，需要魄力、堅持的毅力和很深的口袋。因此儘管想投入的業者很多，但符合生存條件的卻很少。

## 台灣做不過韓國？

1989年，韓國三星終於從DRAM這個行業賺到錢了。總裁李建熙親自來台灣拜訪張忠謀，希望勸退台灣的半導體發展。李建熙表示三星已經下了破釜沉舟的決心了，如果台灣執意加入競爭者行列，無異是以卵擊石。

李建熙還邀請張忠謀去韓國，向他展示三星的研發規模。張忠謀把好友施振榮和當時的工研院副院長史欽泰介紹給李建熙認識。那時工研院已經在討論做次微米的DRAM技術研發計畫了；施振榮的宏碁集團內部也正在評估進入DRAM製造的可行性，只是外人還不知道。

李建熙當時才四、五十歲，剛剛接任董事長沒有多久就到台灣來拜訪。

「他說：『你們台灣做不過韓國的。』爲什麼做不過韓國呢？因爲你們一般民間企業的資金不夠支撐這種事業，靠政府又效率不彰。在三星，我只要一聲令下，就全部動員了，」史欽泰回憶李建熙的說法。

「後來，我們一起去三星看他的工廠。他們眞的很厲害！但是，看完之後，我們還是各自繼續做原先規畫的事，」史欽泰說。

參觀三星後不久，施振榮就宣布了宏碁的DRAM計畫。「當時我考慮到台灣如果沒有DRAM產業，就欠缺帶動IC製程進步的火車頭，而且宏碁有需求。宏碁的DRAM需求足夠支援一個廠，風險應該可以控制，所以就決定成立德碁，」施振榮說。

宏碁向美、日尋找技術來源，最後敲定美商德州儀器爲技術合作伙伴。在 1989 年年底，設立了德碁半導體公司。宏碁持股 74%，其餘由德儀負責。德儀提供技術及市場管道，而宏碁則承接技術並且量產。

## 工研院投入次微米計畫

就在德碁成立的同時，經過長達十多個月的評估和研擬，工研院獲得政府同意，在 1990 年大舉投入開發次微米技術的科技專案計畫。

在此兩年前的 TAC 會議上，顧問指出，世界最早的次微米產品將在 1989 年底上市。如果台灣立即投入次微米技術的發展，有機會讓台灣從「勉強跟得上已成熟技術」的落後角色，向前跨一大步，直接晉升到與世界同步量產。這段話成了次微米計畫的遠景。後來，台灣眞的以四年的時間，躋身 DRAM 技術先進者之林。這個以 DRAM 爲載具的研發專案，也間接帶出了日後以南亞、力晶、茂德等公司爲主的台灣 DRAM 製造業。

然而，次微米計畫並沒有讓台灣持續的培養出自有的 DRAM 技術能力；除了世界先進曾經成功開發出新一代 DRAM 產品之外，其他的 DRAM 業者能否進入下一世代，都取決於國外大廠的授權。這種受制於人的處境，讓我們在景氣低迷時，更加難過。

當國外技術來源者決定放棄DRAM時，接受授權的台灣業者馬上陷入斷炊的窘境。到底誰的技術來源會堅持下去、誰有一天又會宣布放棄，事先沒有人會知道，台灣業者也完全沒有參與決策的權利。一切只能各憑運氣了。

# 2

# 發展次微米　突破DRAM技術

「我相信當時沒有人對這計畫有十足的把握。
但是人家給你這麼一個機會，如果不拚一下，
會終生遺憾！」

～盧志遠

1988年，電子所的聲望正隆，另一方面，興旺的產業，吸走很多工研院電子所的同仁，使得該所平均流動率高達30%，IC設計部門更高達40%。一個剛立下戰功，但流動率這麼高的機構，接下來該何去何從呢？當時的電子所所長史欽泰更有切身的體認：半導體技術進步太快，如果不更加把勁，根本追趕不及。

他的解決方案就是推動次微米計畫，讓電子所繼續從事產業亟需的技術開發，以新計畫再次帶動產業的進展。

## 電子所轉戰DRAM製程

DRAM和邏輯是半導體製程技術的兩大主流。工研院電子所已經衍生聯電、台積電兩家以邏輯製程爲主的公

司，但卻從未嘗試DRAM。DRAM需要IC設計和製程兩大技術的整合，對於側重製程開發的台灣是個挑戰。工研院希望能挾著過去成功的經驗和氣勢，藉著次微米計畫，一舉突破DRAM技術。

DRAM最大量的應用市場在PC。當我國的PC產業愈來愈重要，就愈需要擁有自己的DRAM供應。何況，DRAM已經缺貨好一陣子了，業者苦不堪言。爲了下游資訊產業，也該朝DRAM發展。

這個時候，物換星移，轉戰業界的電子所離職員工的看法變了。有更多的人表示，工研院電子所爲台灣貢獻的已經夠多了，接下來可以讓產業自行發展，不必由工研院執行大型計畫、衍生公司了。反對的聲音讓史欽泰更小心處理次微米計畫，但是執行的決心是不受影響的。他甚至親自到海外，尋覓次微米計畫主持人。

## 延攬盧氏兄弟回國

1989年，史欽泰升任爲工研院副院長，他的尋才之旅也適時開花結果，找到在美國東岸貝爾實驗室任職的盧志遠，和在IBM工作的盧超群、趙瑚等人。盧志遠徘徊了一陣子，和當年的楊丁元一樣，以「歷史性的意義」做了回台灣加入工研院電子所的決定。

盧超群是垂直溝槽式DRAM架構的發明人。他在IBM領導的DRAM團隊，研發能力遙遙領先市場三個世代之久，是台灣可以找到的最佳人選。盧超群籌組了鈺創科技，創始成員包括趙瑚、丁達剛等DRAM設計專家，提供DRAM設計及技術架構（Architecture），讓次微米計畫有一個眞實的DRAM產品當載具，驗證這開發出的次微米製程是可以量產的。

盧超群是盧志遠的弟弟。爲了避嫌，盧志遠對洽談設計團隊這件事從不與問，全由院內高階決策；工研院也大費周章的寫了說帖，解釋決策的過程。

自比爲整合半導體設計和元件技術「建築師」的盧超群說：「這計畫是用DRAM當設計藍圖和實驗載具，因爲DRAM最難做。在三年之內，我們讓台灣從零開始，到擁有八吋次微米製程技術和16Mb DRAM的少數國家。」

「建築」設計「最困難的是架構。這個架構需要多用途，能夠給SRAM、DRAM、代工等不同業者使用，而且還要能延伸到未來世代，」盧超群說。

## 藝高人膽大，靠見識領軍

盧志遠曾經在AT&T參與DRAM技術開發，做過1微米的DRAM技術。AT&T退出DRAM之後，他在貝爾實驗室帶領0.5微米的邏輯製程團隊。具備這些相關的經驗後，盧志遠告訴自己，只要再加一把勁，就有機會帶領DRAM技術開發計畫成功。

「我看過豬走路！」盧志遠說。

「就好比找門牌號碼。面前有好多條巷子，我們起先選了一條，走了五分鐘，還沒找到對的門牌，有點心虛，就退回來換另一條巷子試。再走一陣子，還是沒找著。就這樣一直試、一直換，心慌了，資源和時間也耗掉了。其實，很可能對的門牌就在第一條巷子裡，當初只要再稍微堅持一下就會找到了。我會的就是這個，即使自己沒有親身做過，」身爲計畫主持人，盧志遠確認方向，在關鍵之處保有他的堅持，一路激勵團隊向目標邁進。

「像盧超群、趙瑚這些人也是一樣，在大公司待過，已經看到產業未來五年、十年的方向。所以我們可以告訴大家，哪邊有萬丈深淵，千萬不要過去，哪邊的路好走，繼續走就對了！」盧志遠說。

最明顯的例子就是DRAM製造方式的抉擇。

## 規避IBM技術，走自己的路

當時國際上發展出兩種製造DRAM的方法，一種是往下挖深溝式的，另一種是堆疊式的，這兩種方式各有支持的陣營，也不清楚到底哪個方式會是主流。

盧志遠剛加入電子所的時候，看到電子所兩種技術都做，因為對任何一個都沒把握，兩個都不敢放掉。但是在資源有限的情形下，兩個都做更難成功。

當時IBM採挖深溝的方式，技術難度高，盧超群等人以過來人的經驗，建議電子所做較易成功的堆疊式，也避開老東家IBM可能的質疑。

盧志遠說，有了這些正確的指引，第一次試成了，第二次、第三次就會愈來愈有信心，成功的機會也會大增。

「我相信當時沒有人對這計畫有十足的把握，《EE Times》還說過：即使請來了IBM的明星也不會成功。但是人家給你這麼一個機會，如果不拚一下，會終生遺憾！」盧志遠說得鏗鏘有力。

就這樣，台灣半導體史上第一樁兄弟聯手的國家級計畫，原訂五年完成，卻只花了四年的時間，就開發出這被評為台灣不可能獨立研發、量產的DRAM技術。

次微米團隊由盧志遠領軍，外部有盧超群、趙瑚、毛敘、丁達剛等鈺創的DRAM設計團隊協助；在工研院本身則有陳興海、蔡泓祥、段孝勤、程蒙召等，及秦曉龍、張季明、劉大維、曾孝平等海外歸國人才，和聞風前來投奔的劉奕芳、甘萬達等，再加上國防役的工程師共同組成。

▲ 次微米實驗室動土典禮（從左到右：陳善南、左三曾煥邦、張桐義、鍾欽炎、曾孝平、Bob Jensen、彭申炫、中間戴花者盧志遠、賈中元、陳立誠、陳正田、林錦珍、彭文魁、邱庚明、顏登通、廖海瑞、湯世亮、陳興海）。

（照片提供：工研院）

▲ 次微米實驗室（之後與團隊一併衍生為世界先進）外觀設計圖

（圖片提供：工研院）

# 3
# 從排斥到接納

「美光非常激賞次微米計畫，想不到一個研究機構可以做得這麼成功！還邀請我去他們的總部參觀。從來沒有人可以到美光的肚子裡，看得這麼仔細的。」

～盧志遠

在產業的發展上，次微米計畫具有其歷史意義。它在四年之內，追趕了超過七年的進度，而且從無到有，發展出八吋晶圓次微米製程及DRAM技術，不但跨越1微米的鴻溝，也跨過0.7微米，開發出0.5微米製程技術。簡言之，經歷這四年的發展，台灣已經躋身世界領先者之林。

## 催生國內DRAM業者

業界對於工研院執行次微米計畫最大的疑慮，就是計畫結束之後，又衍生出一家更具競爭力的對手公司。面對這樣的質疑，工研院採取最有彈性的方式：在科學園區裡興建次微米實驗室。不論最後選擇將團隊衍生成民間公司，或工研院與民間公司利用這個廠房來合作研發，或是工研院繼續接手從事研發，在這裡都可行。

但是在次微米團隊成員的心目中，卻只有一種選擇：和台積電、聯電一樣衍生成民間公司。次微米團隊士氣如虹，超前進度做出來的成果，也眞的讓人刮目相看。再加上 1994 年 DRAM 景氣正好，次微米計畫現成的八吋廠房和馬上可以賺錢的 DRAM 技術，成了爲「衍生公司」這個選擇加分的客觀條件。

工研院次微米計畫結束後，政府公開徵求合夥人。有意角逐的業者之多，和當年台積電、聯電要拜託人來投資的景況，有天壤之別。連國外的業者都深受吸引。

「那時大家都看到台灣要起來了，都想來合作！」盧志遠說。

最有興趣的居然是後來告台灣傾銷的美光（Micron Technology）。「美光非常激賞次微米計畫，他們來參觀之後，嚇了一跳，想不到一個研究機構可以做得這麼成功！還邀請我去他們的總部參觀了三天。從來沒有人可以到美光的肚子裡，看得這麼仔細的，」盧志遠得意的說。

後來美光提出全面的合作計畫，願意投資中華民國。

之後，日本三菱（瑞薩的前身）、德國西門子（英飛凌的前身）來參觀之後，也都表達了合作意願。

但是，後來政府把招標的條件定出來了：只有國人有資格來競標。所以這些國外業者的希望都落了空，但是次微米團隊卻扎扎實實的讓這些國際大廠相信，台灣有實力發展DRAM。

三菱之後和黃崇仁合作。於是黃崇仁成立力晶半導體，向三菱取得DRAM技術；而西門子也和國內的茂矽成爲合作伙伴。

台塑集團是首先表示高度興趣的國內公司，甚至由王文洋親自與盧志遠談合作。但是一旦入主這家新公司，就免不了和政府合資，台塑集團也只好放棄，轉而與日本沖電器合作。

## 台積電、聯電表興趣

事實擺在眼前，擁有這個團隊的業者，競爭力將顯著提高。除了既有的半導體業者之外，傳統產業、外商、下游資訊業者，都表示過高度的興趣。連在野黨立委也頻表關切，力防任何不夠透明、不公平、不公開的衍生過程。

後來這些角逐者，整合成以聯電和台積電爲首的兩個陣營。向來就不贊成國家再出資執行次微米計畫的聯電，在過程中一直表達參與競標的高度興趣，讓志在必得的台積電陣營非常謹慎。可是，時候到了，聯電居然沒有去投標。

最後，台積電為首的十家公司團隊，以稍高於科技專案全部投入金額的新台幣 67 億元得標。對政府來說，這是執行科專計畫有史以來，以投入和回收金額而言，投資報酬率最高的一次。工研院電子所和轉移到「世界先進」

▲ 為台灣 DRAM 研發建下第一功的「次微米計畫」主持人盧志遠。
（劉純興攝影）

的成員，也相當興奮，特別舉行慶功酒會。

沒有人料到，這卻是苦難的開端。次微米計畫以鈺創科技設計的 DRAM 來驗證製程技術，卻沒有培養足夠的 DRAM 設計領導人才。到了需要自己獨立走這條路的時候，設計能力的問題就凸顯出來了。

## 「世界先進」名稱的由來

入主衍生公司之後，張忠謀董事長認為新公司已躋身世界一流製程能力，公司名字裡要有「世界」的意涵，因為台積電立足台灣，從此要放眼世界。

但是「世界」這個名字太普通了，連環宇、國際這些類似的名字也都被人登記過了。好不容易想了二、三十個有「世界」意思的名字，送去經濟部查名，居然一個也不能用。有一天，盧志遠靈機一動，想到用「世界先進」四個字的響亮名稱，張忠謀也很滿意。

宣布公司名稱的第二天，英文報紙把「世界先進」直譯成World Advanced Semiconductor Company。「張董事長不喜歡，覺得太土了，」盧志遠笑著同意這樣直譯是有點土味。

回家之後，盧志遠和在實驗中學雙語部念國中的女兒聊到取英文名字的事。女兒馬上想起麥哲倫環遊世界的那艘船「Vanguard，先鋒號」，是法文先進的意思。有了「先進」，盧志遠再加上英文的「國際」（international），而且照美國人的習慣，把國際放在Vanguard的後面，終於為世界先進取了個洋派一點的名字——Vanguard International Semiconductor。

4

# DRAM業甫開張就遇到不景氣

「如果有機會開發出來，我們會再去募集資金。」

～張忠謀談世界先進的轉型決策

從1987年IBM建立第一座八吋廠之後，全球IC產業陸續進入八吋晶圓規模。95年景氣大好，DRAM缺貨嚴重。爲了滿足市場需求，業者開始擴廠，大舉邁進八吋晶圓時代。96年之後，一連三年都是八吋廠的投資熱潮，全球共增加了十六座專門製造DRAM的八吋晶圓廠。整個產業陷入長達四年的供過於求狀態，直到1999年才稍見和緩。

因應供過於求的市場趨勢，日韓半導體大廠在1996年紛紛宣布減產計畫，同時調降營運目標。以記憶體爲主的韓國三星，也是在這一年跨入晶圓代工領域。

台灣業者中，除了「先行者」茂矽、德碁之外，包括世界先進、力晶、南亞等新公司，和剛剛找到策略伙伴的華邦，幾乎都在1994年、95年進入DRAM行業。其中只有世界先進因爲承接了次微米計畫的團隊和設備廠房，趕在1995年第四季DRAM景氣下滑之前，賺了20幾億元。等到其他的新業者建廠、技術移轉完畢，景氣已經進入谷底，幾乎一開張就遇到DRAM史上最嚴重的不景氣。

## 德儀淡出DRAM，重創德碁

德碁在1990年初期，是台灣獲利能力直追台積電的晶圓廠；到了95年之後，它的境遇又可以代表所有台灣記憶體業者共有的傷痛。這如坐雲霄飛車般的上下震盪，似乎是DRAM業者的宿命。

當技術來源德儀淡出DRAM產業後，德碁頓失技術來源。有一段時間，施振榮甚至必須投注全部精神來因應德碁的營運危機，也請許多人一起來幫忙找出路。

德碁曾經向IBM移轉邏輯製程能力，打算從事會員制的晶圓代工。但是從DRAM轉到晶圓代工，「好比是開卡車公司的轉行去經營計程車業，雖然行業別相同，但相當多的設備需要重新購買，或更換配置比例，」盧志遠生動的比喻點出了當時DRAM業者轉戰晶圓代工的大不易。

此外，DRAM強調穩定的大量製造，但是晶圓代工卻需要彈性靈活的調配能力；同時，以前接受德州儀器指導的德碁工程師，缺乏自行開發製程技術的信心和經驗，很難在有資金壓力的短時間之內轉型成功。

德碁連續三年名列在「虧損50億元俱樂部」。最後施振榮只能忍痛退出DRAM產業，在1999年將公司賣給台積電。

## 世界先進栽在0.18微米

曾經以四年的自行研發，趕上國外七年進度的世界先進團隊，順利開發出0.25微米製程。但是到了0.18微米技術時，卻陷入泥淖之中。這個曾爲台灣半導體技術發展史寫下重要里程碑的公司，一度淪爲「虧損50億元俱樂部」的榜首。

「DRAM是設計和製程技術緊密配合的產品，但是世界先進的設計能力相當弱，」曾任世界先進董事長的張忠謀說。次微米計畫期間所培育出的DRAM設計團隊，因爲新創的DRAM設計公司的強大吸引力，不久就散掉了。少了設計團隊的世界先進，猶如跛足巨人，陷入開發的泥淖。

爲挽救世界先進，當年任世界先進總經理的盧志遠曾提出三個提案：一是增資再戰，但是，即使增資後開發成功，下一個世代還是面臨同樣的研發資源問題，而且可能在DRAM的泥淖裡陷得更深。第二條路，是像台灣其他的DRAM業者一樣，找一個技術來源來授權；這條路雖然和世界先進成立的光榮背景與使命相違背，但是爲了公司的存續，必要時還是得做。第三條路就是合併到台積電做代工。

經過全盤考量，張忠謀董事長決定讓台積電的蔡力行去帶領世界先進，做最後一試。「如果有機會開發出來，我們會再去募集資金，」張忠謀說。但是，不久後，蔡力行建議世界先進轉行做代工。

爲了過渡到晶圓代工，世界先進在連續虧損的極度窘困中，擠出新台幣20億元，投資力晶半導體，用以購買日本三菱移轉給力晶的0.18微米DRAM技術。這20億元是用來換取一段過渡時間和一個過渡產品，讓世界先進可以靠著賣新的DRAM籌措資金，從記憶體業轉到代工業。這個「揹著國旗」的公司，爲了生存，終究踏上技術移轉之路。

世界先進的投資，大大的紓解了力晶的財務困境。三菱淡出DRAM產業後，把新成立的爾必達轉介給力晶，讓力晶繼續走DRAM的路。「力晶可謂幸運至極，」盧志遠說。

## 麥子死了

如果麥子不死，始終只是一粒麥子。

世界先進的DRAM夢想死了，但卻譜出多重的台灣DRAM組曲，間接催生了南亞、力晶、茂德等DRAM製造業者；因爲這個計畫而集結的DRAM設計人才，則先後成立了鈺創、晶豪、台晶等一流DRAM設計公司。

那一群從次微米計畫開始，前後投入十年青春的工程師們，則以散布在海峽兩岸的主要半導體和TFT-LCD（薄膜電晶體液晶顯示器）公司裡。因著這段經歷所培養出的一身武藝，仍是他們傑出的標誌。

5

# 記憶體業者集體被告

「台灣出口的 SRAM 產品對美國市場的影響太小了，只占三個百分點，不太可能（對美國）造成傷害！」

～胡正大

就在記憶體業者都賠得慘兮兮的時候，美光科技在 1997 年向美國國際貿易委員會（ITC）及美國商務部（DOC）指控，華邦、聯華等十幾家台灣電子廠商，涉嫌以低價傾銷 SRAM 至美國，這是台灣記憶體業者與美國美光，開打傾銷、反傾銷訴訟的開端。

## 美光的商業策略

台灣不是第一個被美光舉告傾銷的國家。

早在 1985 年，美光就向 ITC 指控日本 DRAM 廠商違反貿易法，以低價進軍 DRAM 市場，使得日本銷美的 DRAM 需課頗高的關稅。這個控訴，不但幫助了美光，也間接讓韓國業者坐大。

之後南韓在DRAM市場急起直追，超越美國，直逼日本，居全球第二。此時，美光再度採取法律手段，在1992年景氣谷底的時候，提告南韓傾銷DRAM至美國市場。美國商務部也於隔年判定，南韓廠商的售價低於美國公平市價。

所以，當1997年台灣被告的時候，大家已經看得出這個模式：每到景氣低迷的時候，美光就可能舉告競爭對手傾銷；這是它的營業策略之一。

「美國政府有一個做法，就是每年政府會把傾銷案收集來的關稅，分配給那些受傾銷傷害的美國業者。因爲美光是美國最大的記憶體業者，這樣的一筆額外收入，是鼓勵美光控告競爭對手的另一個原因，」台灣業者集體委託的辯護律師柯奎思（Christopher F. Corr），分析美光輪流控告各國傾銷DRAM的動機。

這次對台灣業者的控訴比較特別的是，美光先拿SRAM牛刀小試。

因爲台灣垂直分工的產業結構和日、韓很不相同，也是美光所不熟悉的模式，「所以他們先選擇SRAM試試看。美光眞正的目的是DRAM，所以第二年就舉告台灣在美國市場傾銷DRAM，」柯奎思說。

## 第一次集體行動

這是台灣半導體產業有史以來第一樁集體被告的事例，也是第一次團結起來一致對外的機會。才成立不到半年的台灣半導體產業協會（TSIA）馬上被賦予重任，爲這十多家 SRAM 業者發聲。

當時的 TSIA 祕書長是電子所所長胡正大，他馬上召開 SRAM 傾銷會議。會中大家一致通過集體行動。

「從來沒有人知道怎麼處理這種事。司法程序怎麼走、主管機關是哪個都不清楚。我們做的第一件事是找律師，問清楚『反傾銷』到底是什麼意思，」胡正大回憶。

「我覺得美光是針對台灣這個地區提出控告，而不是針對個別公司，因爲台灣的公司都很小，要阻擋的話，只告一、兩家是沒有用的，」這試試水溫的控告，對當時台灣的 SRAM 業者造成頗大的影響。

「SRAM 的仗打得滿辛苦的，拖得比 DRAM 還長，幾乎打了四年。雖然打贏了，但對 SRAM 產業傷害滿大的，」胡正大說。

## 漫長的傾銷訴訟路

基本上，由學理來看，傾銷官司的判定要看兩個事實：第一，銷到美國的產品價格，是不是低於成本，或者比在國內銷售的價格低？還有一個，就是會不會對美國的工業造成傷害或威脅性。符合其中之一才構成傾銷的罪名成立。「以第一個成本來說，我們賣的價錢是不會比較低的，因爲SRAM滿賺錢的。所以對他們（美國工業）會不會產生傷害，就變成最主要的議題。台灣出口的SRAM產品對美國市場的影響太小了，只占三個百分點，不太可能造成傷害！但是，反過來看，在當時SRAM對台灣半導體產業非常重要，不僅產值比重高，而且成長非常迅速，」胡正大說。

▲ 帶領業者打贏美光控告台灣記憶體傾銷官司的胡正大。（劉純興攝影）

「我們一開始輸得很奇怪，」律師柯奎思說。

當時是兩位聽證會裁決委員投票表決，結果是一比一平手。依 ITC 慣例，表決平手就判被告敗訴。於是，天下電子、德碁、華邦、聯電等八家業者被判了相當於售價一倍的進口關稅。

經由律師的建議，台灣的八家業者集合起來，兩度轉向國際貿易法庭（CIT）申請抗辯。CIT 也兩度舉行聽證會，每次都裁定台灣業者並沒有對美國傾銷 SRAM，請 ITC 重審。ITC 在第二次重審時，因爲評判委員會組織改組，認定台灣不構成傾銷威脅的委員人數變多，終於決議台灣業者並沒有對美國業者造成傷害。

## 贏了官司，失了商機

這樣反覆抗辯、舉行聽證會、重審，前後共花了四年。其間，台灣業者賣到美國的 SRAM 產品，都被課上售價一半或一倍的進口關稅。還好，最後打贏官司，從 1997 年 4 月到 2002 年 1 月的四年之間，一共累積了 2 億美元的稅款，也全數退回台灣業者，算是彌補大家的時間和精神損失。

「到現在來看，因爲系統晶片的趨勢，獨立的 SRAM 產品也很少了，都被整合到系統晶片裡了。如果當年沒有那個訴訟，台灣大概可以多風光幾年，」胡正大感慨的說。

# 6

# 贏了DRAM傾銷官司

「這是第一次有國家在美國的反傾銷控訴中打贏的，而且連贏兩次。」

～柯奎思（Christopher F. Corr）

「SRAM的案子讓我們有充足的準備，被告DRAM傾銷的時候，我們是慌但是不亂，連法庭都不用進，只一年多就把DRAM的仗打贏了。打得漂亮！」多年之後，提起這一場DRAM戰役，胡正大難掩滿意的神情。

台灣DRAM的產業和營收規模，都比SRAM大得多，但是DRAM傾銷案居然只花了十七個月（從1998年10月被告，到2000年3月終結），只在ITC開過兩次聽證會，就以勝訴終結。勝訴的原因，除了一開始市場上就不時有DRAM價格將上揚的傳言，讓美國政府不能輕易判傾銷的產業因素外，還有業者、產業分析、律師與協會等多方面完美配合的結果。

事後，胡正大寫了一篇文章省思整個傾銷案的過程。他提到在1999年10月19日舉行的極具關鍵意義的聽證會：

「我國業者與半導體協會代表以及委任律師團，詳實的提供各種證據與事實陳述，表明我國廠商並沒有傾銷的意圖，也沒有造成美國市場的傷害，更沒有對美國產業造成威脅的事實。我方代表針對美光的指控一一提出數據反駁，也對ITC委員提出的問題詳盡回覆。由於公聽會中我方代表態度積極，展現高度的誠意，盡可能的提供ITC所需之詳細資料做爲其終判依據，此一以坦誠態度配合其調查作業，十足展現我國業者光明正大從事貿易行爲之坦蕩心態，終能獲使ITC以公正態度回應。」

當時的世界先進美國業務總監Steve Pletcher及南亞莊炎山總經理、高啓全副總經理、鈺創葉振倫副總經理等人，都出席這場聽證會。莊炎山事後說：「去了ITC的聽證會以後，才知道這個案子眞不簡單。」

## 團隊強、氣勢足

「我覺得我們有氣勢！我們的產業代表都很強，像胡正大祕書長、鈺創董事長盧超群、華邦總經理章青駒等，這些去美國參加聽證會的代表，他們的英文表達能力很好，整體給人的感覺就是很強。如果英文不夠好，就只好讓律師去講，可是律師並不見得懂半導體產業！」時任TSIA主任，全力支援DRAM業者打贏官司的黃麗卿說。

律師的選擇也是成功的重要關鍵。「律師的幾個關鍵建議都非常正確。像SRAM扣繳的2億美元關稅，就是他事先告訴我們，可以要求美國政府把這些關稅存在一個獨立的帳戶裡，勝訴以後才拿得回來，」胡正大對White & Case律師事務所的柯奎思律師的幫助給予極大肯定，「事後我們檢討，律師占成功因素的一半以上。」

「另外，我們真的太小了，以不到一成的市場占有率，要造成對美國企業界的傷害，是不太可能的。我們的工作就是把這樣的事實分析清楚，讓這些評審委員相信，」胡正大補充說明。

產業情報在這裡發揮了很大的作用。

當時電子所產業技術資訊服務計畫（ITIS）提供很多記憶體的產業資訊，包括出貨量、成長率、市場占有率、歷史的價格波動、產業趨勢等。

「如果沒有這些資訊，我們很難用量化的方式告訴人家說，這個產業本來就是價格波動很大的，不能在低價的時候就告我們傾銷，」胡正大說。有了完整的產業情報資訊，胡正大等產業代表，才能以一流的口才、誠懇而自信的態度，在聽證會上侃侃而談，分析台灣沒有對美國產業造成傷害的事實，贏得聽證會上評判委員的信任。

## 小蝦米的反撲

台灣也是第一個反告美國傾銷的國家。

就在進行對美國 DRAM 、 SRAM 傾銷案的訴訟過程中，在 1999 年 1 月的 TSIA 理監事聯席會中，決定評估控告美國業者傾銷 DRAM 到台灣市場。三個月之後，財政部受理 TSIA 對美國業者的 DRAM 傾銷控訴。

連律師聽了都嚇一跳，「很酷，因為沒有人敢這麼做！」柯奎思說。

雖然經過一審再審，台灣當局也判定美國業者沒有把 DRAM 傾銷到台灣市場的事實，但是台灣在國際上的地位已經因為這一連串和美國的傾銷、反傾銷控訴而扶搖直上。這個美好的「副作用」，可能是美光和所有台灣業者都始料未及的。

「喔，在世界半導體委員會（World Semiconductor Council， WSC）裡，可以感覺到台灣的國際地位跟以前相差很多，」想到在國際場合為台灣揚眉吐氣，胡正大的笑容很燦爛，「剛開始加入 WSC 的討論時，我們還沒打贏。打贏之後，尤其是日本人，對我們是既羨慕又佩服。」

「這是第一次有國家在美國的反傾銷控訴中打贏的，而且連贏兩次，」柯奎思非常肯定他的台灣客戶。也因著這個案子，「認識許多台灣半導體界的精英，與他們相交是一大樂事，」柯奎思說。

第八章

# 台灣 IC 設計的故事

1982 年太欣半導體成立，
開啓了台灣 IC 設計業的發展，
不久之後，因為市場轉移，海外人才回國創業的風氣盛行，
於是，不需要大筆資本額，
也用不著大批勞動人力的 IC 設計公司，
如雨後春筍般冒出。

# 1
# IC設計公司的先驅——太欣半導體

「我有機會觀察美國矽谷IC設計業的發展，注意到設計業不像製造需要很多人，資本額也不必很大，只要有好的產品。」

～王國肇

工研院第一批到RCA受訓的成員王國肇、林衡，是從電信總局派去受訓的研究員。完訓三年之後，交通部來函，向工研院要人回電信總局服務。

工研院很民主的讓兩人自行決定去留。

林衡依約回交通部上班，但是王國肇有不同的想法：「我的前途就在這裡！IC設計不像學製程的人，一定要有個大的團隊，IC設計可以單打獨鬥，未來可以出去創業，」於是他決定留下。

受到楊丁元等人的看重，王國肇也兼做產品經理，常常跑矽谷、日本去找生意，接觸面廣，也看到太多機會。「電子所不只讓我有設計、行銷、專案管理的經驗，還去國外談策略聯盟，我在電子所就像是run公司一樣，」王國肇得意的說。

## 遠東第一家IC設計公司

「我有機會觀察美國矽谷IC設計業的發展，注意到設計業不像製造需要很多人，資本額也不必很大，只要有好的產品，」王國肇說。於是，在1982年，擔任工研院電子所積體電路設計部經理的王國肇感覺時機成熟，與吳啓勇（現任盛群半導體董事長）等人離開工研院，請華泰、聯電創辦人杜俊元出資，成立了第一家IC設計公司——太欣半導體。

「我們是遠東區第一家！那時，包括日本都沒有一家獨立的IC設計公司！」王國肇談起自己的膽識和遠見，顯得神采飛揚，「那時電子所也滿鼓勵我們出來創業的。當時的想法就是一家晶圓廠，支持十家IC設計公司。」

王國肇仿照美國矽谷的模式，替太欣的核心技術團隊爭取到15%的技術股和10%的股票選擇權。

延續電子所的產品線，太欣剛開始也以計時器爲主要產品，之後進入電視遊戲IC領域，風光一長段時間。

身爲始祖，總也會培養一些新的企業，甚至競爭對手，太欣也不例外。除了運用創業投資的機制，策略性的先後投資做代工的世大積體電路、IC設計公司創惟及創鑑等之外，早期太欣員工自行創業的情形也是有的。

創始成員吳啓勇在1983年離開太欣，成立合德。王奇進、蕭生武、陳鴻麟等也先後自行成立IC設計公司。

2

# 1980年代起步走

「當海外技術與人才的潮流，與本地資金與工業基礎的潮流匯集在一起時，就可以創造相乘的效果。」

～史欽泰

雖然工研院從沒有正式衍生任何一家IC設計公司，但台灣的IC設計產業的源頭，還是當年從工研院派到RCA受訓的成員，和他們所帶領出來的子弟兵團。從王國肇領軍的第一家設計業者太欣半導體，到之後成立的普誠、矽統、偉詮、凌陽、宇慶、合泰、其朋等，核心團隊都曾是工研院電子所成員。

## PC用IC設計漸成主流

早期的IC設計以消費性應用見長。舉凡放在卡片裡，一打開卡片，就會自動唱歌的音樂IC、放在電子錶裡的計時器IC、讓洋娃娃說話或電子鐘報時的語音IC、市內電話裡的撥號IC、多媒體音響的音效控制IC、家用電器的遙控器IC等，都曾是早期台灣IC設計業者的主力產品。

1986年，IBM總公司決定將個人電腦的各項專利，授權給台灣業者生產。從此台灣的PC和相關周邊硬體產業，開始快速發展，到了90年代前期，台灣已經是全世界主機板、監視器、掃瞄器、滑鼠和鍵盤的最大生產國。

蓬勃的資訊硬體產業，開啓了本地資訊業者在地採購PC用IC的市場；再加上1987年台積電開始做專業晶圓代工，舉凡PC用到的DRAM、SRAM等記憶體、圖形處理IC、電腦周邊產品如顯示器和數據機等控制IC、主機板上的附加卡IC、PC晶片組、網路介面控制IC等，逐漸成爲台灣業者的主要產品。矽統、威盛、揚智等PC晶片組設計業者紛紛出線。

## 矽統科技　轉攻高附加價值IC

矽統科技是當時與胡定華有「南杜（俊元）北胡（定華）」之稱的杜俊元，繼聯電之後投資成立的IC事業。

早期矽統以電子遊戲機卡匣裡的Mask ROM（光罩式唯讀記憶體）、個人電腦晶片組IC以及語音IC爲主力產品。成立不到半年已經開始賺錢，是個快速攀升的公司。

1989年發生天安門事件，中國大陸市場頓時封閉；之後再遇到90年的波斯灣戰爭。這些事件不只影響矽統籌建自有晶圓廠的計畫，連整個營運都受到打擊。

1990年，杜俊元從英特爾請來劉曉明擔任總經理，矽統轉而專注在高附加價值的PC用IC產品，如晶片組、圖形處理器等。到了94年，矽統成爲台灣第一大IC設計公司。

矽統的專注策略，促使原先任職於消費性IC部門的陳陽成、施炳煌、汪台成、龔執豪、楊徽明、李文欽、劉德忠等七人離開，成立凌陽科技，繼續以語音IC、音樂IC、電話答錄IC、微控制器等應用於消費性產品的IC爲主力產品。隨後矽統研發副總經理黃洲杰也加入凌陽擔任董事長兼總經理。

1993年，曾任矽統第一任總經理的郭正忠另行成立了宇慶科技，專攻SRAM設計。

## 威盛電子　從瀕臨倒閉到龍頭

威盛電子原名爲Via Chip Technologies，由日裔工程師於1990年代初期在美國矽谷創立，正值美國晶片組最蓬勃發展的年代，最高峰期曾經有八十幾家公司分食這個市場。在矽谷有一條街，叫做晶片組街（Chipset Street），可見競爭之激烈。Via Chip Technologies 就是在這股晶片組設計人才創業的熱潮中誕生，同樣在熱潮的排擠中，公司瀕臨倒閉危機。

當時擔任國眾電腦董事長的王雪紅，為擴大資訊科技事業版圖，積極在台灣和美國尋求理想的投資計畫。經由引介決定買下 Via Chip Technologies，改組為威盛電子，由陳文琦任總經理，將九成以上的晶片組交給台積電代工。公司總部由美國矽谷移到台灣，以低階晶片組產品重新出發。

1993 年威盛開始交貨時，市場上的競爭對手只剩下七家。到了 1995 年，英特爾搭配本身在 CPU 市場的優勢，大舉從高階產品切入，攻占全球八成五的晶片組市場。這時台灣矽統、威盛、揚智等業者，已經在低階晶片組市場耕耘五、六年了。矽谷僅存的專業晶片組廠商，受不了這種來自上下兩方的擠壓，只好全數退出。

1998 年，英特爾將全球第一個設計生產支援 Pentium II 微處理器晶片組的授權給了威盛；從此威盛取代矽統，成為台灣最大的 IC 設計業者和 PC 晶片組供應商。

## 海外人才與本地資金匯流

在1995年，台灣IC設計業排名前十大的公司中，三家專攻PC晶片組的矽統、威盛、揚智囊括了前三名，而以PC用記憶體設計爲主的鈺創和台晶，則分列第五、第十名。

這些公司有個共同的特色：都是由海外回台灣發展的團隊主導。台灣的IC設計業除了電子所色彩之外，開始有了更多的國際資源。

「當海外技術與人才的潮流，與本地資金與工業基礎的潮流匯集在一起時，就可以創造相乘的效果。這兩股力量形成互補，並且彼此強化，」如同史欽泰，前工研院院長、現任清大管理學院院長的觀察。

這些公司帶入了新竹和矽谷大量交流的機會，蘊釀台灣IC設計業發光發熱的動能。

## 凌陽——從電子寵物到多媒體

有一陣子，不只小孩與年輕人，連大人的脖子上或口袋裡，都有一個橢圓形的塑膠玩具，LCD 螢幕上的那隻小動物，需要主人定時定量餵食、幫它清理排泄物、陪它玩遊戲、教它讀書、哄它睡覺。如果照顧得好，小動物會長大，而且愈來愈聰明。如果少餵幾餐或讓它吃撐了，或連續幾次忘記替它清理環境，小動物就會死給主人看。這就是「電子寵物」。

電子寵物在它和主人建立親密互動關係的背後，完全倚賴一顆八位元的單晶片微處理器，這項產品的主要供應商之一是台灣的凌陽科技。

從 1990 年創立到 2000 年期間，貢獻凌陽營收與獲利的主力產品，是由精簡指令集架構的 6502 微處理器為核心，結合語音合成等技術，所發展出來的各種特殊應用 IC 。

消費性 IC 的特色是合理的售價、相對成熟的製程、短暫的生命週期與多樣化的產品，且必須隨著客戶不斷推出新產品而更新設計。美國、日本認為這類 IC 無利可圖而放棄的這塊市場，凌陽卻可以維持四成以上的毛利率，主因是這些 IC 都是針對個別客戶所設計的客製化 IC 。

運用凌陽的解決方案，玩具業者可以用最低的耗電、最少的記憶體，執行最多的語音、移動等功能，賦予洋娃娃和機器人等產品新的生命與人性化的功能。

約在 1996 年，凌陽幾乎和對手聯發科技同時注意到消費性電子將從「純語音」，進展到「影像」的多媒體長期趨勢。為此，凌陽投入五年的時間，開發自有的十六位元微處理器和整套應用環境，讓客戶的洋娃娃聰明到認得小朋友手寫的英文單字，還可以做簡單的算數題；並順勢推進到手機、DVD、數位相機等應用。從此，凌陽不再只為單一客戶設計專屬的 IC，也進入數量更大、有業界標準的消費性電子產品戰場。

2005 年，凌陽推出更強的三十二位元微處理器，可以分辨三度空間的動作。不久之後，就會有更精采、逼真的互動式遊戲產品問世。

2005 年，凌陽在全球 IC 設計業總排名第十四。

# 3

# 蔡明介的萬有引力、拳王理論

英特爾萬有引力定律：英特爾的影響力，和距離平方成反比。

～蔡明介

1995年，聯電轉型做晶圓專工。既然專工，就不能擁有設計能力。於是從96年開始，分別將電腦、通訊事業部衍生成聯陽、聯傑兩家獨立的IC設計公司；97年再陸續衍生多媒體、商用產品與記憶體事業部，成為聯發、聯詠、聯笙等，總計前後共五家聯字輩的IC設計公司。

其中，擅長精簡設計、快速整合的聯發科技，與以LCD驅動IC為主軸的聯詠科技，表現最為突出。在2005年，聯發、聯詠分占全台灣IC設計公司排名第一和第二名，與全球的第九和第十二名。

## 選對產品、團隊與時機

聯發科技董事長蔡明介談到聯發科技的由來，他說：「1993年、94年的時候，大家開始講多媒體PC。當時我們的卓志哲副董事長，提議投入多媒體領域，我們就在聯電成立多媒體小組。」

多媒體PC最重要的功能是光碟機。

於是，聯發科技選擇唯讀式光碟機（CD-ROM）IC做爲第一個產品。成功後，跨足可讀寫式光碟機（CD-RW）IC，再跨到消費者端的數位影音光碟機（DVD）IC，並且在這些產品上，保持領先。

除了選對產品，在蔡明介的心目中，聯發科技的團隊更是關鍵要角，「這個團隊的成員，在聯電別的產品線，有人有過成功的經驗、也有人有過失敗的經驗。」蔡明介特別看重失敗的經驗，因爲從失敗中學習，可以避免再次犯錯。

「現在看起來，我們當初進入的時點不錯，PC的趨勢也的確是朝更複雜的、消費性的方向走，」蔡明介相當滿意聯發進入市場的時機。

在《競爭力的探求》一書中，蔡明介提到，當聯發進入CD-ROM晶片市場時，已經是產品快速成長期。松下、飛利浦等國際大廠，都已經投入四、五年的研發時間，而聯發能夠後來居上，靠的就是「時機」。

聯發一切入這個市場，就發揮台灣廠商降低成本的競爭優勢，率先整合晶片，從三顆併成兩顆，再併成一顆。同時不斷提升讀取倍速，但晶片更加精簡、價格不斷下降，最後攻下超過一半的全球市場占有率。

## 「規模」重於「先驅」

雖然一般人認爲「最早進入市場」很重要，但是根據聯發科技的經驗，卻是「最早到達經濟規模」的業者才是贏家。

這個認知，也呼應了張忠謀在1970年代應用的「學習曲線理論」。

聯發科技選在市場成長最快的時點切入，因爲需求大增，讓聯發有機會在大廠環伺的態勢之下，仍攻占部分市場。然後配合快速的晶片整合，再加上學習曲線——當累積出貨量倍增時，產品的成本會下降三成——的加乘效果，使得聯發的成本低於競爭大廠，在售價上自然有競爭力。聯發科技靠快速整合、快速降價的策略，全面橫掃市場的戰果，是可以理解的。

「外人以爲聯發靠低價競爭，其實不是的。我們雖然進入的時間點比較晚，但是推出的功能，都比現有市場上的產品還要強，整合的速度也是領先的，」蔡明介解釋，聯發雖是後進者卻先達經濟規模的關鍵點，還是在於技術能力夠強，可以兼顧晶片效能、時效和成本。

「時機」之外，「地點」也很重要。

## 英特爾萬有引力定律

「我自己是學工程的，喜歡用簡單的物理或數學，來形容『管理』這種社會科學的事物，」蔡明介說。

早在1980年代，蔡明介看到超微副總裁在和英特爾對簿公堂時，曾對媒體說：「我們要爭取的，是超微有做

▲ 蔡明介以「一代拳王」來形容IC設計龍頭的更迭速度。　（劉純興攝影）

還原工程（reverse engineering）的權利。」不久之後，聯電決定投入80386、80486相容CPU開發時，他也曾親身體驗和英特爾短兵相接的滋味。蔡明介注意到英特爾對PC用IC產品的影響力，就像地心引力一樣，牢牢吸住地表的所有事物，因而提出了另一個傳神的定律：

**英特爾萬有引力定律：英特爾的影響力，和距離平方成反比。**

意思是，晶片在系統上所在的位置，距離英特爾CPU愈近，受英特爾的專利、規格、推出時程等各方面的影響愈大，而且這影響是以曲線式加速擴大的。反之，產品的位置距離CPU愈遠，受到英特爾的影響，也同樣急速縮小。所以，聯發科技選擇光碟機。光碟機的IC根本不在主機板上。

「我們選擇光碟機，也是想離英特爾愈遠愈好，因爲他們的影響力實在太大了。光碟機至少和CPU還隔了一個鐵盒子，安全多了，」蔡明介笑著說。

## 一代拳王

「談到IC設計業的發展歷史，我自己創了『一代拳王』的理論，」蔡明介在《競爭力的探求》裡說。他觀察美國的IC設計業，發現領導者不斷在變，猶如世界拳擊舞台上的「一代拳王」，不斷換新面孔，而且每位拳王稱霸的時間都不長。以繪圖晶片爲例，歷代拳王就包括了凌雲邏輯（Cirrus Logic）、Trident、S3、3dfx、和最近的nVidia與ATi。

這是因爲IC設計業是以設計應用產品爲主。產品主流經常在變，廠商如果無法在每一次轉換中重新建立自己的核心能力，很快就會被淘汰。

蔡明介這精準的觀察心得和貼切的命名，讓「一代拳王」成了產業的共同語言。聯發科技就是最新一代的拳王。從光碟機用IC，跨足手機用IC領域，聯發持續發揮整合快、時機對的核心價值到新的應用市場，以延續這拳王生涯。

# 4

# 台灣的CPU之路

「CPU的成本其實很高，包括軟體支援、服務、開發工具這些東西。」

～曹興誠

從1980年代開始，台灣就很想做CPU。

聯電跑第一棒。在1984年，推出第一顆與英特爾相容的CPU，三年之後開始與英特爾對簿公堂。聯電的CPU生意經營了十年，直到轉行爲晶圓專工才放手。

到了1990年代末期，晶片組龍頭威盛也踏入CPU的地盤，訴訟的結果是威盛終於獲得英特爾的授權。

英特爾的CPU一直是利潤最好的IC產品。根據估算，一顆Pentium 4的裸晶成本大約爲21美元，經過封裝測試等後段製程之後，根據不同的運算速度，這些晶片的市價約在130到630美元之間。同樣的製造成本，如果換成一般的IC，市價約爲50美元。

厚利當前，或許這就是大家前仆後繼搶進PC用CPU市場的原因吧！重賞之下必有勇夫，再加上台灣的PC產業這麼成功，因此 PC 的心臟── CPU ，自然成為眾人覬覦的目標。

## 英特爾捍衛 CPU 王國

1981 年 8 月， IBM 第一台個人電腦問世，內部所採用的 CPU 是 Intel 8080 ，隨後問世的 XT 則採用 Intel 8086 。英特爾的 x86 CPU 系列自此衍生。

在 1980 年到 85 年間，英特爾每隔一、兩年，就會推出一款 x86 系列的 CPU 。在 80386 之前，英特爾都維持雙重來源策略，授權超微製造相容的 CPU ，讓客戶有兩個 CPU 的供應來源。到了 80386 ，英特爾改變策略，不再授權 CPU 給另一家公司製造。這時，除了超微，還有新瑞仕（Cyrix）和聯電等業者已經展開行動，準備分食 CPU 這塊大餅。為了摒除對手，英特爾除了加速研發更快更好的產品，一些大小動作更是不斷，使得其他廠商陸續面臨要繼續賠錢，還是要結束營業的兩難。

蔡明介在《競爭力的探求》中提到，超微以還原工程把 80386 的成品拆解分析，費盡辛苦，終於做出相容的晶片，但還是難逃被告的命運。

在訴訟中，超微爭取做還原工程的權利。還原工程的目的，就是要避開原廠的專利和智財權，以另一種方式做出同樣的功能的產品，所以還原工程是合法的。但是英特爾連這個機會也不輕易放過，可想而知英特爾對於捍衛其 CPU 王國的態度之堅持。

1984 年的台灣 IT 產業快速成長，讓聯電把自己定位在「全方位國內 IC 電子零組件供應商」，開始推出英特爾相容 CPU ，以促進國內資訊產業發展。到了 92 年，聯電已經與美國 Meridian 公司共同開發出 80486 CPU 。當時國內對於歐美公司運用智慧財產權打擊對手的商業手段還很陌生，再加上「CPU 的成本其實很高，包括軟體支援、服務、開發工具這些東西，」曹興誠說，所以，到 94 年，在重重壓力和轉型為代工的機緣之下，聯電放棄 CPU 的生產。與英特爾的訴訟最後以和解收場，聯電支付了一些費用。

## 威盛搶進一步

就在聯電放棄 CPU 生意的五年之後，1999 年 7 月、8 月，威盛電子接連購併美國國家半導體（National Semiconductor）旗下的新瑞仕處理器事業、美國半導體製造商 IDT 公司的處理器事業。在 2000 年初，發表威盛首款名爲「Cyrix」的 CPU 。

1998 年，英特爾將全球第一個設計生產支援 Pentium II 微處理器晶片組（Slot 1）的授權給了威盛。英特爾的授權，讓威盛成爲全球僅次於英特爾的晶片組廠商，也穩坐台灣的股王。

不到一年，原本的戰友卻因爲對記憶體模組的觀點不同而翻臉。威盛不走英特爾的 Rambus 解決方案，轉而支援 PC133 規格，且受到市場支持，大獲全勝。英特爾則以不授權 Pentium III 晶片組做爲懲罰，但威盛仍推出產品。1999 年 6 月，英特爾首度對威盛提出侵權訴訟。從此兩家公司走向法院，開始一路上演授權、侵權的互告官司戲碼。

威盛一邊打官司，一邊還是推出和英特爾相容的 CPU 產品，兩家的官司從晶片組一直打到 CPU 。

迴異於之前聯電的經驗，這一次台灣業者和英特爾之間的 CPU 侵權官司，有較令人滿意的結局。到了 2005 年，雙方在五個國家，分別提起涉及二十七項專利的十一件訴訟案，終於以和解落幕。英特爾授權威盛電子製造 CPU 與晶片組，威盛則支付權利金。威盛得到了英特爾相關產品專利總計十年的交叉授權，也讓威盛電子能更順利的把 CPU 與晶片組，銷售給 PC 廠商。

## 十三年攻下一城

聯電、威盛發展相同系列的產品，同樣和英特爾交手，前後相隔十三年，但結局截然不同。

當年的聯電以放棄收場；十三年後的威盛，卻取得授權製造的權利。其中的差別，代表台灣業者的進步。我們已經從諸多國際訴訟經驗中，學會這套遊戲規則，而且也積極累積有利的智慧財產權和研發實力，做爲談判、制衡的籌碼。我們不但不再挨打，還可以向侵犯我們專利權的公司索賠。

台灣的 CPU 之路還在發展中。雖然可想見的，其過程絕不至於非常平順，但總是一個圓夢的嘗試。

# 5
# 系統晶片終於來了

「我們要形成虛擬垂直整合的產業聚落，目的是在沒有產業標準之下做系統的整合。」

～盧超群

1989年，旺宏的四十位核心成員和二十八個家庭從美國搬回台灣時，他們是帶著做系統晶片（System on a Chip，SoC）的遠見和理想回來的。旺宏爲客戶的特定產品（Customer Specific IC）設計系統晶片；藉著整合旺宏既有的設計功能區塊，加上一部分專門爲這產品所做的IC設計而成。

旺宏成立的1989年是VLSI的時代，一顆晶片裡已經可以集積數十萬顆電晶體。然而，像CPU、DRAM等這些主導技術發展的標準產品（Application Specific Standard Product），本身就需要這麼多電晶體了，所以當時能做到的，多半只限於把幾個較不複雜的IC整合在一顆晶片上。

最具代表性的整合的例子就是PC晶片組的逐步整

合：從最早的六十三顆各司其職的IC，一路整合成南橋、北橋兩顆。北橋整併負責CPU和記憶體、圖形加速器等晶片之間連結的個別晶片；南橋則整合輸出入訊號，包括聲音、影像、鍵盤、滑鼠以及USB連線等功能。也有將南、北橋整合爲一顆的晶片，用在低階電腦上。

2005年，IC製程進步到一顆約兩平方公分大小的晶片上，已經可以容納幾十億顆電晶體。除了最複雜的圖形處理器之外，少有單一功能晶片需要用到這麼多的電晶體。於是，讓整個系統原本各自獨立的複雜晶片，整併成爲一顆系統晶片的做法更爲可能。

## 系統晶片推回整合之路

設計系統晶片的複雜程度，好比製造一具機器人。系統晶片上整合的多種功能，原本都來自不同的供應商；就像機器人的零組件，也是分別來自機械工廠、塑膠射出工廠、螺絲廠、彈簧廠、控制器製造廠等一樣。

少有一家公司可以自行生產一具機器人所需的全部零組件。同樣的，也少有一家IC設計公司或系統公司，可以獨立完成一顆系統晶片的設計；因此，隨著系統晶片的整合趨勢愈演愈烈，很可能會對IC產業生態造成影響。

有人把晶圓代工商業模式與系統晶片整合，並列爲半導體產業發展上的前後兩大變革。晶圓代工掀起了產業垂直分工的合作體系，大量滋養、實現IC設計的創意；而系統晶片時代的來臨，可能讓這垂直分工的體系重新再垂直整合成新的樣貌。

「我們要形成虛擬垂直整合的產業聚落，目的是在沒有產業標準之下做系統的整合，」鈺創科技董事長盧超群說。

當年台積電走晶圓代工這條路的時候，大家走的是垂直分工，功能愈分愈細。有人專門提供設計工具，有人做IC設計、有人製造，有人做後段的封裝測試。但是，「現在半導體反而需要垂直整合了。沒有一個公司只做自己那一小塊就會成功。今天要做出一個像系統晶片這樣很複雜的IC時，必須從最源頭的設計工具端就開始，整體考量後面製造、測試的需求，而不是只提供一個階段的解決方案，」創意電子副董事長兼執行長石克強分析這垂直整合的需求。

連製程最後段的封裝與測試，都可能受到系統晶片的影響。因此，盧志遠與盧超群兄弟著眼於愈來愈複雜的系統晶片測試，在2000年創立以晶圓測試（wafer probe）

爲主的欣銓科技。當時業者把晶圓測試外包的情形還不多；這是另一個台灣獨有的營運方式。

## 系統晶片（SoC）是什麼？

SoC 就是將整個系統所需要的運算、訊號轉換、傳輸、儲存等功能，都包含在同一顆晶片上。這牽涉到 IC 製造技術的極限——在一個小面積的晶片裡，容納得下多少顆電晶體。

系統晶片就像一棟有各式賣場進駐的大樓，讓原先必須搭車、走路、坐飛機才能到達的賣場，只要坐電梯就可以到。把賣場想成 IC 。系統晶片就是讓原先分立的 IC ，不必再經過電路板連線，而都併在同一顆晶片裡。

這樣不但縮短各功能之間資訊傳輸的時間，也更省電、體積變小、晶片封裝成本降低、整體的重量和體積都變輕了。

隨著手機、 PDA 、遊戲機、 MP3 、 DVD 播放器等攜帶式電子產品愈來愈多，這些產品的電池續電力、體積、重量以及價格，都成為該產品能否大量普及的關鍵。系統晶片減少晶片封裝的費用、空間、體積，剛好有助於解決耗電、產品尺寸、重量、成本等問題。

# 6

# 探索「設計服務」新市場

「投資一套設計工具可能要新台幣好幾億元。
如果一年只推出幾顆新IC，等於說每一顆IC
要分攤好幾千萬元的設計工具成本。」

～石克強

除了垂直整合之外，系統晶片讓購買別人的設計模組、委外設計變成必要，帶動了IC設計公司水平整合的需求，也催生了新的行業：矽智財（Silicon Intellectual Property，SIP）與設計服務業。

## 設計服務業　有待市場考驗

1992年，矽谷名人石克強與何薇玲（台灣惠普董事長）夫婦回到台灣。帶著滿腔熱血和對設計趨勢的洞見，石克強遊走於各大IC公司，解說「設計服務」這個新機會，最先獲得聯電的全力支持，讓林孝平（智原科技總經理）帶領的CAD（設計自動化）技術中心衍生出來，成立智原科技。智原是ASIC設計服務公司，本身擁有許多已經在聯電晶圓廠裡驗證完成的設計元件和模組。該公司是根據客戶訂定的IC規格，幫客戶設計特殊用途IC，並且統包製造、封裝、測試等後續的製程服務，省下客戶與各工廠個別接洽的花費。

從早期的巨有、智原，到1990年代後期出現的幾家設計服務公司，如創意、源捷、科雅、虹晶、世紀創新等，設計服務是一條嶄新的道路，業者的營運模式仍有待時間和市場的考驗。

剛開始，有設計服務公司專注提供設計流程中特定階段的服務；有些則提供特定應用領域的設計服務，藉著累積這些設計資源和IP，成爲在應用面最具權威的設計服務業者。

經過幾年的試煉，設計服務業開始調整營運模式，分別與上游系統設計業者或下游的晶圓代工結合。源捷被楊丁元的福華先進併購，開始設計產品；台積電投資創意電子，智原一直維持與聯電的密切關係，科雅則與世界先進聯手。「除非像走利基市場的公司，否則，如果走一次購足（one-stop shopping）的路，就要成爲一家代工廠配一家設計服務公司的經營模式，」石克強說明他的觀察。

## 設計代工也走大者恆大

離開智原，石克強結合了鈺創盧超群、清大林永隆、交大沈文仁等教授，成立以SoC設計服務為主的創意電子，喊出了「設計代工」（Design Foundry），將他心目中的設計服務業經營模式向前又推了一步。就像台積電研發部門開發出的新製程，可以給十個晶圓廠用，每個廠分攤十分之一的研發費用，卻享有全部研發成果一樣，所謂「設計代工」，也是這個「費用均攤」的概念。

石克強舉例指出，一般設計公司一年推不出十顆新的IC。將來往90奈米、65奈米走的時候，「投資一套設計工具可能要新台幣好幾億元。如果一年只推出幾顆新IC，等於說每一顆IC要分攤好幾千萬元的設計工具成本。但是有規模的IC設計服務公司一年可以推出上百顆客戶的晶片，分攤下來，設計工具的投資成本就低很多。」

因此，石克強認為，從前可以用很少的資本設計出一顆IC的情形，現在已經快要不存在了。以後IC設計的趨勢之一，就像講求經濟規模的晶圓代工一樣，如果不是很大型的IC設計公司，就「會變成產品規格的公司、市場行銷的公司，他們內部根本不做設計了，」石克強說。

台積電曾繁城說過：「我們如果在技術上，只靠IC設計業是很危險的，因爲在先進製程上，IDM用得比較快。」針對IC設計業和代工業之間的技術差距，石克強再做補充：「設計公司現在跟不上晶圓代工的技術，所以需要『設計代工』公司來幫忙。除了幾家大型的IC設計公司之外，這個差距會愈拉愈遠，不會愈拉愈近。」

## 「ASIC設計代工」會不會對上IDM？

從2000年開始，美國、日本、歐洲的IDM大廠如IBM、日立、東芝、英飛凌等，陸續開展晶圓代工的業務。跨足代工十多年未見動靜的韓國三星，也積極發展代工服務。他們和創意電子一樣看到系統晶片的商機。

「從設計服務到設計代工，將來，我們會演變成系統晶片的ASIC設計代工。我們這一條食物鏈，從上到下排列的是系統公司、ASIC設計代工、晶圓代工，之後是封裝測試，」十年來都相信這個趨勢，也一直看著它一步一步演進的石克強說。

IDM大廠擁有豐富的設計資源和現成可用的IP，再加上產品定義、行銷能力強，這些都是晶圓代工和設計服務業者的弱點。然而，晶圓代工和設計服務業者的服務彈性和製造效率，則一直是 IDM 業者望塵莫及的。兩個陣營除了競爭的可能性之外，其實也存在互補合作的機會。

系統單晶片帶來的震撼，波及整個半導體產業與下游系統應用業者，這個「產業變革的推手」將把產業帶向哪裡去？現在還不是下定論的時候。可以確信的是，IC 產業對人類生活的影響，會因爲系統晶片的來臨而更廣泛深入。

第九章

# 台灣 IC 供應鏈的故事

歷經三十餘年的耕耘，

台灣半導體產業大樹不但枝繁葉茂，

綠蔭覆蓋之處也是一片欣欣向榮，

包括封裝測試、 IC 設備業、製程設備業，

乃至周邊產業等都一體受惠，共同成長。

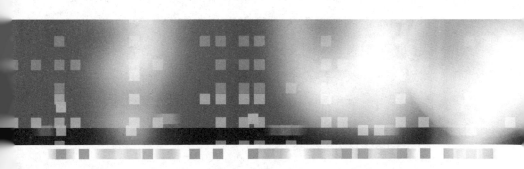

# 1

# 日月光躍居全球封裝龍頭

「半導體垂直分工的趨勢還沒有走完，全球封裝產能外包的比例還不到四成。」

～張虔生

日月光半導體成立於1984年，是少數與工研院電子所沒有淵源的半導體公司之一。創辦人兼董事長張虔生雖然以房地產、營造工程起家，但以他電機工程的背景及前瞻性的策略與分析，經過可行性評估後，投資建立日月光半導體IC封裝與測試的事業。

在1970年代，因爲全球石油危機，到中東、美國德州從事營造的張虔生，已奠定事業的基礎。到了1980年代初期，中東、美國及台灣的利率高升，眼看著房地產即將進入不景氣，張虔生便向幾位矽谷投資銀行的專業人士諮詢新的事業方向，因此確定發展半導體封裝測試事業。

## 預見封裝材料的轉變趨勢

張虔生注意到晶片封裝的材料趨勢，會從手工裝配的陶瓷（Ceramic）封裝，轉變爲資本密集、自動化作業的塑膠（Laminated）封裝。塑膠封裝需要模具、沖床、拉線、焊接設備等，所需要的資本投資，遠比陶瓷封裝爲高。

張虔生認爲材料的轉變將影響半導體公司的封裝策略。半導體公司將愈來愈不可能自行購置所有的自動化封裝設備，因爲這樣的設備投資過高、使用率過低，不符合經濟效益。他看到委外封裝的趨勢。

菲律賓是當時全球最大的封裝基地。張虔生親自走訪之後，發現當地的工廠並未積極跟著趨勢升級爲自動化生產線。於是他從英特爾、摩托羅拉請了專業人才，一起進入這個產業。

事實證明，張虔生的遠見是正確的，只是稍早了幾年。剛開始，日月光主要的生意是客戶自己工廠已經滿載之後，不得已釋出的封裝訂單。這種生意一般只會出現在景氣高點。

1985年、86年是景氣谷底。日本的DRAM正席捲美國市場，大廠裁員的新聞此起彼落。此時，張虔生在「房地產」和「半導體封裝」之間，或者是說，在「賣掉日月光賺1000萬美元」和「賠2000萬美元來救日月光」之間必須做個決定。最後他選擇了日月光，並獲得母親的全力支持。

撐過這次難關的日月光，逐漸步入坦途。隨著景氣回升，以及 IBM PC 授權台灣製造這個關鍵事件，國內 IC 設計業大大的受到滋養，日月光的主客群轉向國內 IC 業者。

到了 1990 年代後期，大約就是世界大廠在「該不該建十二吋廠」的決策徘徊、台積電開始向 IDM 大廠推展「群山計畫」之際，IDM 廠決定先停止封裝方面的資本支出。至此，日月光開始爲國際 IDM 大廠提供先進封裝技術服務；張虔生對封裝外包的預測和產業結構的演變終於接軌了。

## 贏在前瞻決策正確

在日月光剛成立的時候，主要廠區在韓國的安可科技（Amkor Technology）是全球最大的封裝業者，當時的規模有日月光的十倍大。二十多年以來，日月光持續追趕。2003 年，日月光終於超越安可，成爲全球第一大封裝業者，到 2005 年，日月光已經超出安可三成。

「我們在 2000 年以前，就感覺到日月光會成爲世界第一了！」張虔生認爲在發展過程中，台灣半導體產業群聚的這個垂直分工體系，是讓日月光超越安可的主因。

而日月光掌握了上游載板材料的策略做法，則是決勝未來的關鍵之一。

「材料占封裝成本很大的比例，尤其高階封裝的一半以上成本在材料。如果我們都向別人買，附加價值就相對低了。我們認爲長期看來，材料一定會成爲封裝製程的一部分，所以日月光策略性投入材料廠，」張虔生說。

安可卻沒有介入材料這一環。因此，張虔生相信，未來如果有其他的台灣公司繼續超越安可的規模，原因也將在於這些策略上的差別。

▲ 張虔生認為，產業群聚的分工體系是日月光能躍居世界第一大封裝廠的關鍵。（劉純興攝影）

挾著世界第一的光環，日月光並不因此驕傲，而是繼續往前走。「半導體垂直分工的趨勢還沒有走完，全球封裝產能外包的比例還不到四成，」張虔生說，「我們還有很寬廣的發展。」

# 2

# 跨國設備業的完備支援

「一般做法是等到生意量很大了，才談合作伙伴計畫，但是這就晚了。」

～吳子倩，談伙伴關係

台灣的IC產業發展策略是以晶圓製造為起點，帶動設計、封裝、測試和下游電子產品。

製造是台灣IC產業的火車頭。

製造廠最重要的投資，就是設備。一座IC工廠建廠費用的七成是用在購買製造設備上。經過幾十年的發展，台灣能夠成為全球IC製造重鎮，其中絕對少不了IC設備業的密切配合。

IC設備的進入障礙極高，早期TAC顧問總是建議台灣策略性不要發展IC製程設備。於是美商應用材料公司，便成了和台灣業者一同成長的策略伙伴之一。

## 首要之務：選對戰場

「選戰場很重要。一開始的時候就要與市場趨勢搭配，決定找誰合作，」現任台積電副總經理，曾任台灣應用材料公司總經理、全球集團副總裁的吳子倩，娓娓道出應用材料公司早在1989年就決定將台灣的專業代工業，列爲重點扶植的客戶。

「台灣人的個性友善、有韌性、好客。我認爲在亞洲地區做代工，最適合的就是台灣了。即使日本的發展早、韓國發展快，但是日本步調稍慢，韓國人比較悍。我們總是跟客戶商量。很多事是靠協商才做得起來的，」曾經伴隨台灣IC製造業登峰造極的吳子倩相當肯定台灣人的友善個性。

「另外，我們又有很多高學歷的優秀人才。在國外企業界，我遇到很多優秀的華人，很確定只要聚集精英，沒有什麼是我們做不來的。只要確認人才沒有問題，大概就會成功了。再加上員工分紅入股這套薪資制度，非常適合產業發展，讓大家的目標單純、一致，」吳子倩分析在1980年代後期，台積電還落後先進技術一、兩個世代的時候，就看好台灣晶圓代工的原因。

在市場趨勢、人才特質與完善的薪酬制度搭配下，「看好晶圓代工在半導體產業鏈的價值，長期投資，應該是個滿合理的評估，」吳子倩說。

代工的製程繁多、對成本要求高，設備業如果可以滿足代工業者的需求，其他客戶的需求也就沒問題了。

## 幫客戶站穩成本馬步

台積電副董事長曾繁城說：「在1987年、88年，台積電剛成立的時候，我就對廠裡面推廣一個觀念，就是我們必須降低整體的成本，這樣做代工才有可能賺錢。」

當時身爲供應鏈上游業者的吳子倩，也有同樣的見解：「在成長的早期，晶圓廠的『產出』是重心，產出不只取決於機器的運轉，還在良率、品質、交貨期這些方面。總而言之就是整體的效率與成本。」

「在那個時候，把成本與效率這個最基礎的馬步做好，就八九不離十了，」吳子倩在台積電的辦公室回憶早期的支援策略。

「在本地的組織上，應用材料公司設立了應用實驗室，開發本地零組件製造能力，更成立一個專攻製程的團隊，」吳子倩說。

這製程團隊是台灣獨有的，目的是要把製程調到最精準適用。

晶圓代工的客戶很多樣化，所需的製程也比其他區域以IDM爲主的製程更複雜。尤其當台灣的晶圓代工還在起步的階段，像華邦這些IDM廠也很年輕，更需要技術製程的精調。「精密微調可以讓晶圓廠的客戶，在這裡有個非常合適的製程。我們相信，這樣精緻化的客戶服務，讓晶圓代工更能贏得客戶，」吳子倩逐步闡述當初幫助客戶抓住「客戶的客戶」的策略，讓他們在別處找不到像這樣「量身訂製」的製程。

## 伙伴計畫讓合作更緊密

如果當初應用材料採用的是一般公司的支援服務做法，而不是這麼緊密的輔佐合作，台灣的IC製造業會這麼成功嗎？

「最後一定會成功的，因爲晶圓廠也有很多優秀的人才，但可能不會這麼快吧？」吳子倩沉吟了一會，還是一派嫻靜優雅的作風，「一般做法是等到生意量很大了，才談合作伙伴計畫，但是這就晚了。」

「在洽當的時候，提出適當的伙伴計畫很重要，」吳子倩將扶持晶圓代工的策略，分成幾個階段來看。當晶圓代工這一行的營運模式愈來愈成熟，吸引更多業者加入競爭行列之後，客戶的需求和考量也開始改變。

「雖然晶圓廠相信我們不會洩露他們的機密，但是基本上，他們希望領先不是靠保密，而是本身的能力就領先其他的競爭者很多，」吳子倩說。

這種伙伴合作計畫，讓晶圓廠能儘早把他們用來檢測設備用的載具，先拿到尚未上市的設備上測試，以便及早調整設備的功能，縮短設備上線所需要的調整時間。

可想而知，伙伴合作關係多半是應用在尖端製程設備上。這時的台積電，正加速提升製程能力，成為可提供最尖端製程的晶圓廠。

## 跨文化的完整溝通

伙伴合作計畫的成功，除了雙方的共事意願、技術能力、投入的資源之外，很重要的是溝通品質。

談跨文化的合作時，合作雙方都需要保持開放的心胸。有時候，因為文化的差異，連處理事情的方式都可能造成彼此的成見。如果沒有中間這層溝通的角色，在必要時替雙方充分說明彼此的投入和需求，而且隨時密切注意合作計畫的發展、盡力去促成的話，這種互相扶持、彼此學習的合作會很容易受影響，讓效果打折扣。

「比方說，應用材料的總部對某項製程有了新的解決方案，會影響到和台灣客戶的合作案。在大家已經投入了很多精力在之前的進度上時，這個消息一定會讓伙伴一時難以接受，但是我們絕對不能拖延這種事件的溝通時機，」吳子倩說。

「當我們看到某個工作可能會失敗，或者是在整個合作案裡的重要性會降低時，也要幫它重新排序。重新排序是很難的，因爲它已經是以十足的馬力在衝刺的計畫。這時候你必須告訴他：『你可以慢慢跑，然後轉彎、出場，換跑道，』同時讓另一匹馬衝進來，還要引導所有的目光，從前面那一匹馬，轉移到新的馬身上，」吳子倩用「練賽馬」貼切的形容研發人員的投入程度，以及在這種時刻，必須出面轉換大家注意力的高難度溝通。

「我們不但要了解彼此合作的關係和在產業鏈裡的定位，也要知道我們和聯盟者的核心價值在哪裡，」吳子倩說。應用材料以一個跨國公司的角色，支援台灣晶圓製造產業在1990年代創下世人矚目的產能成長，也和台灣業者共創雙贏的佳績。

# 3

# 台灣可以發展製程設備業嗎？

「台灣是和日本規模相當的全世界第一大（設備）市場。日本蘊育出許多成功的國際級設備業者，但是台灣呢？」

～黃民奇

二十年來，晶圓廠的投資金額總是隨著晶圓尺寸的增加而倍增。在相同月產兩萬片晶圓的規模下，1983年初建一座四吋或五吋廠只要不到3億美元的投資金額，到了六吋時代則提高到5億美元（約新台幣130億元）；隨著八吋晶圓設備的導入，1997年建一座八吋晶圓廠，總投資金額便已突破10億美元（約新台幣280億元）的水準。到了十二吋廠時代，建廠金額更飆升到30億美元（約新台幣1000億元）。

爲什麼建廠費用如此昂貴呢？主要是因爲占建廠成本七成的製程設備愈來愈貴。製程設備是IC製造業的生財工具。

一般來說，每當一個地區開始發展IC產業時，這個地區的 IC 製程設備業也會開始興盛。美國、日本、歐洲、韓國都是如此，唯獨台灣例外。

「2005 年 IC 製程設備和平面顯示器設備市場併計，台灣是和日本規模相當的全世界第一大市場。日本蘊育出許多成功的國際級設備業者，但是台灣呢？」漢民科技董事長黃民奇引用國際半導體設備暨材料協會（SEMI）的統計資料提問。

半導體製程的創新和進步的速度，需要晶圓廠和設備商緊密合作。1980 年代，當日本半導體異軍突起，以優於美國的製造能力席捲美國 DRAM 市場之際，美國政府除了控告日本傾銷之外，還做了一件重要的事，就是集結大型半導體業者、設備廠商共同成立了在製程技術上扎根的 SEMATECH，確保美國在先進製程上的領導地位。

## 策略性迴避發展設備業

有關台灣應不應該發展設備業的討論，已經斷斷續續談了二十多年。

早年的 TAC 顧問、行政院科技顧問群，都對這個問題提出負面看法。主要的原因是製程設備種類繁多、牽涉機械和半導體製程兩種高難度技術的整合、投資龐大且風險高，如果台灣不能全面自製，終究是要向國外購買的，且不論是全部外購或部分外購差別都不大。甚且，因爲投入設備開發而創造的就業機會、經濟效益、回收期等，都比不上像 IC 設計業這類投資報酬率高的行業，因此，似乎發展設備業並不具策略性意義。

既然自己不投入發展，就要尋找其他方式以確保台灣能掌握設備技術，例如入主既有的國際設備公司、向國外業者移轉技術等，但是都未能成功。台灣始終沒有 IC 製程設備業者。

這個現象一直到 1990 年代後期才有了轉變。台灣最大的 IC 、平面顯示設備代理商漢民科技，在 1990 年代後期與矽谷的華裔工程團隊共同組成新創設備製造商，挑戰半導體產業生態中最上游的前段製程設備，並且在產品開發完成之後，陸續被全球主要半導體生產地區的客戶採納。

「衝著面子也要做！」黃民奇笑著說。

## 孵化華人設備業

有別於一般代理商，漢民的服務和完備的支援、比達到「客戶滿意」更高的自我要求，以及該公司的遠見，讓這家設備代理商成爲孵育新創設備公司的暖房。

「我們的志向是改變台灣半導體產業的景觀（landscape），就是從『沒有』設備業到『有』，」甫在2005年獲得SEMI頒發葛拉漢獎（Bob Graham Award）的黃民奇說。

製程設備開發、驗證的時間極長。一個新公司從設備原型機製作完成，到製造出一台完整的設備，以至於客戶接受這設備進廠測試，直到確認訂單的整個過程，可以長達五年。五年的時間，半導體產業已經走過兩、三個世代了。要不是具突破性的前瞻技術，而且口袋夠深，預備好先賠一個世代，以便讓客戶適應新產品，幾乎不可能進入市場的。

因此，漢民對於設備技術發展的見解，和長久以來建立在客戶心目中的服務形象，對這些新創設備業者而言，不啻是最棒的投資天使；不但在開發期給予完全的信任、支援，產品做成功之後，還負責代理這些設備，替他們打市場。

這些設備業者的成功，充分運用了華人的長處。在台灣總公司的運籌之下，完美的結合了台灣、矽谷以及大陸各攬勝場的資源。

「我們不必標榜要成爲世界級的公司，因爲產品一出來就得在世界的舞台上競爭，而且一定要比別人的產品還要好，才能生存，」黃民奇說。

台灣可以發展本土設備業嗎？嚴格來說，答案也許還是不那麼肯定。但是華人確實有能力在大廠環伺的產業叢林之中，以過人的眼光、突破性的技術能力，和不問收穫的態度，發展設備業。我們從漢民的例子得到了證實。

# 4

# 周邊產業也升級——以運輸業為例

「我當時想，今年不學會怎麼運，明年還有新的機器要搬。不管怎麼樣，總有第一次的。不如第一年就學會！」

～羅達賢

因為IC產業群聚在新竹科學園區，它的成長很自然的帶動了周邊的行業，如建廠工程顧問、工業安全、化學材料、實驗室檢測、設備零組件、運輸、報關，甚至產物保險、餐飲、旅館的發展等。

1984年，工研院電子所向美國購買全台灣第一台十噸重、造價高達新台幣1億元的電子束（E-beam）光罩設備，但如何將設備從中正機場運到新竹工研院安裝，卻是一大考驗。

運送過程中除了不能受到顛簸，台灣的高溫、潮濕對這台設備來說，也足具殺傷力。那時全台灣還找不到一台裝有避震器的卡車，更遑論溫濕度控制了。

這段從機場到工研院五十公里的運送費用，有經驗的日本業者報價高達新台幣560萬元。這麼高的天價讓當時在電子所負責採購的羅達賢在爭取使用單位——時任光罩部門主管陳碧灣和副所長章青駒的同意後，決定自己來。

「如果運送失敗，計畫會至少延誤三個月。但是，我當時想，今年不學會怎麼運，明年還有新的機器要搬。不管怎麼樣，總有第一次的。不如第一年就學會！」現任潘文淵文教基金會執行長的羅達賢說。

## 從拼裝貨卡到避震氣墊車

於是，羅達賢和負責進出口業務的鴻霖公司合作，從產品在美國上飛機之前的包裝作業即開始見習，以便了解如何將產品移下飛機。此外，因爲這台機器比標準貨櫃箱還要大，國內的運輸公司——世聯倉運——把標準的八呎貨櫃箱頂部和兩側切除、用帆布袋裡加裝乾冰的方式以控制溫溼度，並加裝避震設備。這樣東拼西湊、土法煉鋼的創新模式，完成台灣第一部運送精密設備的卡車。

貨到當天，工研院申請二十多輛警車在高速公路上開道護送，以每小時二十公里以下的速度運送。全程花了五個多小時，將這台超大、超重、怕顛、怕濕、怕熱的嬌客從桃園機場運到工研院。包括保險費的總運輸費用不到新台幣百萬元。

下高速公路後，走市區道路的運送挑戰最大。從新竹交流道到工研院約有五公里的市區路程。當時這條路的路面凹洞不少，爲了避免顛簸，工研院電子所員工劉建功一大早開著他的私家車，到木材行載滿木段、木屑，一點一滴把沿路上的凹洞鋪平。最後這一段五公里的市區路程，更是以接近小跑步的十公里時速緩慢的運送。

就因著這部改裝過的卡車，世聯倉運公司開始朝精密

▲ 台灣第一台拼裝避震車，前有警車開道、保護。　（照片提供：工研院）

儀器運輸發展。隨著IC晶圓廠一家一家興起，晶圓檢測儀器、製程設備等，都需要以避震氣墊車來運送，精密避震運送服務遂逐漸成為台灣的專業能力之一。

二十年之後，世聯成為台灣精密儀器運輸的代表業者。不但取得台灣第一張「國際保稅物流中心」執照，也負責運送1990年「羅浮宮博物館珍藏名畫特展」、1997年「黃金印象——奧塞美術館名作展」的名畫，以及支援故宮博物院「天子之寶」文物展的文物運送。

第十章

# 躍上國際舞台

從美援時代，歷經加工出口區的產業轉型期，
到今日躋身國際半導體大國之林，
一路走來，有前人的睿智指引、產業先驅者的披荊斬棘，
更有後繼者的奮戰不懈，
就這樣一環扣一環，
讓台灣 IC 產業得以克服一個又一個的國內外挑戰，
成為各產業的翹楚，贏得國際重視。

1

# 急速擴張　牽動景氣

每隔五年，全球半導體產業會經歷一個景氣循環。然而，同樣一群業者，或是同一國家的業者，一定都要經過兩次的慘痛經驗，才能學到「不過度擴建產能」的真正教訓。

～張忠謀定律

1994年、95年，是整個台灣資訊電子上下游產業非常活躍的兩年。台灣的資訊硬體工業連續跳級，在94年晉升爲全球第四，95年超越德國，成爲全球第三大資訊產品生產國。

位於資訊電子上游的IC產業，也邁入八吋晶圓的時代。即使全球都在擴建八吋廠，台灣擴張的速度更快。從1994年到99年，台灣的產能占全球的比例就暴增一倍，從大約5%增加到11%。同一期間，台積電、聯電、德碁、力晶、華邦、茂矽等多家公司，因著產業蓬勃發展，共籌建完成十八座八吋晶圓廠。

產業景氣好到代工產能大缺，在這樣的好時機之下，聯電轉型爲晶圓代工公司；另外，在1990年代初期爲德碁建廠的張汝京，也集資成立了台灣第三家專門做晶圓代工的業者——世大積體電路。

大幅擴張讓台灣的重要性大增。以前，台灣的IC產出還太小，沒有被列入國際半導體市場預測機構WSTS（World Semiconductor Trade Statistics）的調查對象之中。在1995年，台灣的聯電、台積電、華邦、茂矽、旺宏及德碁六家公司一同應邀加入WSTS，好讓這機構所提出的數據更完整、具公信力。具指標意義的SEMICON（半導體設備展覽會）開始在台灣辦展覽；集結產業重量級人物的產業高峰研討會ISS Symposium也來台灣舉辦。

## 區域擴張、全球買單

然而產能擴張之後，更長遠的問題是，到底有沒有這麼大的市場需求？

答案是個大問號。

幾年之後再回頭看，台灣在1990年代後半期的大規模擴張，如果稱不上是2000年景氣下滑的「主謀」，也可算得上是「幫兇」了。

2001年，台積電張忠謀董事長在「威盛科技論壇」，首度提出了之後被稱為**「張忠謀定律」**（Morris’Law）的觀察：**每隔五年，全球半導體產業會經歷一個從谷底升起，經過高峰再到谷底的景氣循環。然而，同樣一群業者，或是同一國家的業者，一定都要經過兩次的慘痛經驗，才能學到「不過度擴建產能」的真正教訓**。台灣、韓國、新加坡在1990年代的過度擴張，是引發1995年和2000年兩次不景氣的主因。

綜觀產業的景氣史，張忠謀發現，從1970年開始，以每五年一個循環，全球半導體產業共經過七次不景氣，其中至少有四到五次是由供給過剩所造成。

1970年的第一次不景氣是發生在美國，當時美國占有全球市場的絕大部分，「供給過剩」對當時的美國半導體產業造成很大的傷害。而在1975年，「供給過剩」加上「需求下滑」，再一次重創美國產業。

美國業者在經過前兩次慘痛打擊後得到教訓，因此1980年的不景氣所造成的衝擊較前兩次緩和得多。從70年到80年代的二十年當中，日本業者想藉由積極擴廠來達成稱霸全球的野心。隨著全球半導體生產重心由美國轉移到日本，1985年那一回的不景氣，日本就受到極大傷害。

無獨有偶的，1990年的不景氣，也再次由日本業者的過度擴張產能所引起。到了90年代，韓國、台灣及新加坡等東亞新興國家全力發展半導體製造，積極擴建產能所引發的「供給過剩」，則是分別在1995年及2000年引發半導體產業不景氣的主要原因。

## 下波不景氣，可能來自大陸

按照張忠謀以歷史和全球半導體版圖演繹的模式推測，下一次半導體業的不景氣，有可能來自中國大陸等新興區域的積極擴張。中國大陸的主要晶圓廠經營者，多半與台灣有很深的淵源，也經歷過台灣大幅擴張之後的產能過剩。他們能不能打破產業「慣例」，躲得過市場的誘惑，避免過度擴張的後果呢？這就有待產業發展來驗證了。

# 2

# 大地震凸顯應變能力

「如果台灣突然停產電腦，全球85%的資訊產業將癱瘓！」

～英特爾董事長葛洛夫

地點是台灣島中部的南投縣集集鎮，在日月潭西南方六・五公里的地表下一公里處，因爲三塊地底板塊和斷層的推擠、堆疊，在1999年9月21日凌晨一點四十七分，發生了相當於四十五顆原子彈同時引爆的芮氏規模七・三級大地震。

這場地震讓過去象徵「人定勝天」的中橫公路青山德基路段完全消失；號稱由九十九座山峰匯集的南投縣地標「九九峰」，頃刻間就像被利刃粗糙的削過，只剩下黃色的陡壁；日月潭內的光華島幾乎被夷平。台北縣的新莊、台中縣市、彰化員林、雲林斗六都傳出了十幾層以上的大樓整排倒塌或傾斜的消息。總共有超過兩千四百位台灣民衆因此喪生，十萬多戶房屋全倒或半毀。

## 世紀震考驗晶圓廠和供應體系

強震傳到IC晶圓廠聚集的新竹科學園區，減弱到相當於芮氏地震儀五級的地震。

突來的天災考驗晶圓廠和供應體系的合作與應變效率。晶圓廠內正在生產線上製造的晶圓全毀、精密的製程設備被震離了固定好的位置、線路扯斷、石英爐管震破、管線鬆動，同時無塵室的氣體循環因為停電而休止，空氣中可能滯留有毒氣體。

英特爾董事長葛洛夫曾說：「如果台灣突然停產電腦，全球85%的資訊產業將癱瘓！」這次的地震受災嚴重的IC業者，是資訊業的上游，IC廠停產的骨牌效應，比僅僅停產電腦更為嚴重。

資訊電子業占台灣總出口總值的三成，如果這個供應鏈斷裂，將馬上削弱台灣的競爭力。有資訊業者直言，如果新竹科學園區內的IC生產失常超過兩週，下游的電腦及周邊產品的訂單將可能延誤一個月，同時面臨客戶轉單至其他區域的危機。

台灣的晶圓廠卻靠著和政府的完整溝通、電力公司的優先供應、支援體系的全力支援，以及員工們以廠為家、不眠不休的重建，在短短十天之內，就將絕大部分的產能及製程，恢復正常運作。

## 以廠為家，高效復原

台積電公關部曾晉皓經理表示，9月21日凌晨大地震之後，新竹科學園區在一個小時之內，就出現大塞車的現象，因爲大家都很關心廠房的狀況。「許多工程師把晶圓廠看做自己的生命一樣重要，」曾晉皓說。

停電時，最怕的是無塵室的環境無法維持，有毒氣體累積在無塵室中會造成危險。所以當台電公司開始供應四分之一電力時，晶圓廠將所有的電力優先提供給無塵室維持氣體循環，同時讓工程師進入無塵室檢查損失情況。進入無塵室必須戴著防毒面具，這是危險性極高的工作，但是視廠如家的工程師均接受指令，並無二話。

旺宏電子災後爲了儘早復原，晶圓廠約六百名的員工，由本來的四班二輪制，改爲連續四班輪調，沒有休息。

因爲IC產業的工作危險性高，因此業者平日就投入許多資源在工業安全教育上。這些訓練的投資，也在此時展現成效。

地震發生時，工廠的無塵室都有人員值班，生產線也全面運作中。但是這無預警的大地震，即使造成機台位移、線路扯斷等狀況，卻沒有發生任何工業安全事件。從停電到地震後不到十分鐘之內，各廠均已啓動緊急應變措施，完成員工疏散作業。

台灣的IC產業供應體系與晶圓廠之間唇齒相依、互相扶持的關係，也在大地震的復原工作之中表現無疑。

晶圓廠爲了及早恢復量產，集體爲崇越、良瑋、圓益等三家石英管業者請命，要求政府儘快正常供電給這幾家公司，好讓業者加速修補破損的石英管。市場占有率達八成的崇越石英也緊急向日、韓各國，徵調石英管製造高手，支援台灣趕製石英爐管。

台灣應用材料則在八天之內，從美、日、韓徵調二十五位工業安全工程師，和台灣既有的三百位工程師，進到客戶的晶圓廠內，全力協助復原工作。

## 主動溝通，去除客戶疑慮

這次集集大地震，的確曾經造成投資人對於全球資訊供應鏈斷裂的疑慮：DRAM的價格在一天之內跳升一成以上，韓國、新加坡公司的股價，也因爲預期台灣廠商無法及時出貨，將獲得客戶轉單而短期上揚。在美國時間9月20日地震發生之後，台積電在美國的ADR價格，馬上由上漲轉爲下挫，從當日高點一路下滑達九個百分點。

但是，這些都是短暫的現象。台積電與聯電兩大晶圓代工龍頭，從災後第二天起，每天給客戶一份復工進度報告，明列供電進度、機台復原狀況等，讓客戶對於自己產品復工的時程，不再處於茫然的狀態。台積電事後獲得美國公關協會頒發「銀砧獎」（Silver Anvil Award），表彰他們的完好溝通。災後第五天，科學園區已經全面供電；在供電後五天之內，大部分的晶圓廠產能及製程，均已正常運作。

葛洛夫爲強調台灣的重要性所發表的「預言」並沒有成眞。這大地震卻向全世界展示了台灣IC產業的彈性和高度應變能力，用積極正面的方式，重新詮釋了葛洛夫的話。

# 3
# 活躍於國際組織

「這個技術被世界接受，成為藍圖上微影製程的重要技術選擇。台灣在全世界半導體技術的地位，因此提升很多。」

～台積電孫元成談林本堅提出的浸潤式微影技術

半導體是台灣在國際上最有實力突破外交逆境的產業之一。

在政治、商業、技術等方面的國際組織裡，台灣的半導體產業都有相當出色的表現。從1990年中葉，因爲八吋廠建廠風潮，台灣吸引到以市場預估爲主的WSTS（World Semiconductor Trade Statistics）、專門統計全球半導體產能的SICAS（Semiconductor International Capacity Statistics）來台灣設立區域代表組織。之後，台灣加入因爲政治考量而成立的WSC（World Semiconductor Council），扮演積極的角色。2003年，由IC設計業發起的FSA，到台灣設立亞太總部；同年，以台積電爲首的台灣「ITRS技術藍圖委員會」，更是提出了震撼全球的革命性微影製程技術，證明不必投入幾十億製程技術開發經費，就可以用現有技術，延伸半導體製程兩個世代的壽命。

## WSC ，全球半導體委員會

WSC 是日、美兩大半導體領先國家共同發起的國際性組織。起因是日本對美國的 DRAM 傾銷，和相對不開放的本國市場。

根據美國法院的裁定，日本業者必須每季向美國政府申報他們賣到美國市場的 DRAM 價格。這樣申報的工作持續了六年。

爲了尋求溝通管道，日本業者積極推動一個針對政策面研議全球半導體議題的國際組織。在 1996 年，美國和日本先簽署了美日半導體合作協議。

由於台灣的潛力和已開展的成就，早在 1997 年，甫於 1996 年底成立的台灣半導體產業協會（TSIA）就被邀請加入章程制定等討論，但是因爲牽涉到和中國大陸之間的名分問題，到 1998 才年正式加入 WSC 成爲會員。即便如此，台灣代表在章程起草會議中，逐字協助調整 WSC 章程的貢獻，卻令人刮目相看。胡正大和當時台積電法務長陳國慈是台灣代表。除了胡正大本身對於產業的了解之外，「陳國慈的法律知識，居然這麼廣，令其他地區的代表非常佩服，」胡正大說。

1998 年 TSIA 正式成爲 WSC 會員，由台積電張忠謀董事長擔任代表台灣產業的第一任主席。

## FSA，全球 IC 設計委外代工協會

FSA（Fabless Semiconductor Association）是以 IC 設計公司爲主，組合而成的國際產業協會，是一個以產業訊息交流爲主的組織。在 2003 年之前，FSA 主要的活動都在美國地區；2003 年，FSA 決定往亞洲發展，選定 IC 設計產值僅次美國的台灣爲亞太營運總部，經由台灣，跨入中國大陸。由鈺創科技董事長盧超群擔任亞太議會主席。

盧超群指出，FSA 是對台灣半導體產業採購的最大一群人的集合，占台灣晶圓代工、封裝測試六成以上的客戶量；而且是一個完整產業鏈的結合，囊括了全球的 IC 設計、晶圓代工、封裝、測試業者，以及 IDM 公司。

FSA 不但把其他區域的 IC 設計業者介紹來台灣，也把台灣的 IC 設計業者帶到美國去。「同樣的，藉著 FSA 扮演橋樑的角色，台灣可以和國際上其他地區的業者結

盟，一起開展新市場，」盧超群說。

## 革命性的微影技術

ITRS（International Technology Roadmap for Semicondutors）所制定的藍圖，是全球業者發展半導體技術的依據。在2003年12月發表的ITRS報告中，正式將浸潤式微影技術（Immersion Lithography）列入微影技術的藍圖之中。

這個技術是台積電微製像技術發展處資深處長林本堅提出的。面對全世界半導體研發團隊都認爲只有157奈米（nm）的深紫外光（DUV）波長才能做到的線寬解析度，林本堅逆向操作，回頭將較成熟的193nm技術，運用水的折射現象來突圍，打開了一扇方便法門。美國《新聞週刊》曾以「浸潤在水裡的晶片」爲題，指出台積電利用浸潤式技術，在微影製程上和IBM及英特爾等半導體廠商並駕齊驅。

「他以193浸潤式的方法，改寫全世界半導體微影技術藍圖。產業界爲了開發157nm花了幾十億美元，但是因爲他，這幾十億的美元全像倒入海裡去了，沒有了，」前台積電研究暨發展資深副總經理蔣尚義談到林本堅的發明。

「這個技術被世界接受，成爲藍圖上微影製程的重要技術選擇。台灣在全世界半導體技術的地位，因此提升很多，」當時的 TSIA「ITRS 技術藍圖委員會」主委，現任台積電研究暨發展副總經理孫元成說。

這項技術已經被列爲 45nm 及 32nm 等可預見的未來兩代製程的主流。

不論在半導體的政治、商業、產能、技術等各方面，台灣產業都交出了漂亮的成績單。以台灣工程師慣有的認眞態度，未來仍將繼續在全球產業中，發揮更大的影響力。

後記

# 建立一個產業的代價

寫完這個三十年的發展故事，我不禁掩卷自問：爲了建立這半導體產業，我們付出了哪些代價？

首先閃入腦海的，是一個不平凡的研究機構。它的不平凡處，在於曾經舉足輕重，卻願把舞台讓出，甘於平靜。

工研院電子所成立的宗旨，就是催生台灣的半導體產業，進而提升電子產業。它不斷的把最好的人才、技術，交給自己衍生出來的公司。然而，當衍生公司愈成功，它自己卻離「功成身退」愈近。這個「培育別人，好讓自己不被需要」的研究機構，是奠下台灣半導體產業基礎的重要功臣。它從絢爛歸於平靜的命運，是第一個代價。

在這個扮演矛盾角色的研究機構裡，有一群人在最混沌未明的時候，投身其中。包括把仕途擺上的孫運璿、鞠躬盡瘁的潘文淵、毛遂自薦的胡定華、因爲釣魚台事件回台灣報國的楊丁元、史欽泰、章青駒，還有明知沒有 IC 設計能力很難活命，但仍願意到聯電放手一搏的曹興誠等人。少了這群有冒險精神的人，台灣的半導體產業連第一步都踏不出去。他們付出的是自己的一生事業。

機運也很重要。當產業初具基礎時，居然有一位國際級的產業領袖願意到台灣來發展。張忠謀提出的專業晶圓代工營運模式，巧妙的發揮台灣的長處，避開可能的競爭。這個順應潮流的營運模式，馬上催生許多 IC 設計業者，也改變了全球的產業景觀。張忠謀付出的，是他累積數十年的國際威望和經營歷練。

此外，科學園區的設置、員工分紅配股制度、創業投資條例等法令，吸引海外華人回台灣設立 IC 公司，讓科學園區廣納人才和技術資源，成爲產業群聚的所在，生養眾多。這是政府和整個台灣的付出。因爲專注在高科技產業，難免排擠其他產業的發展。

這些可以條列的付出，加上數萬名從業人員的投入，成就了這個產業的今天。

引進 IC 技術三十年之後，當初的精神領袖孫運璿、潘文淵等人均已離世。經營了三十年的第一代 IC 人才，如胡定華、史欽泰、楊丁元、曹興誠等人也紛紛交棒。

正如潘文淵三十年前描繪的願景：「以IC計畫提升台灣的電子工業。台灣只要占有其中10%的市場就相當可觀了。」2006年，台灣的IC總產出差不多就占全球的10%；IC計畫和其後發展出來的IC產業，一起把這三十年前的願景實現了！

台灣IC產業將進入新的里程；從材料、技術、營運模式、市場，到產品應用，還有許多新的領域正等著我們去發掘。這台灣的半導體故事還沒有講完……。

# 附　錄

## 半導體產業大事記

| 年 | 大事簡述 | |
|---|---|---|
| | 台灣 | 全球 |
| 1947 | | John Bardeen 與 Walter Brattain 發明第一個點觸電晶體<br>William Shockley 發明兩極電晶體，用於語音放大 |
| 1954 | | 德州儀器成功開發第一顆以矽做成的電晶體 |
| 1956 | | William Shockley、John Bardeen 與 Walter Brattain 共同獲頒諾貝爾物理學獎<br>William Shockley 在加州成立 Shockley Semiconductor Lab. |
| 1957 | | Fairchild Semiconductors 公司成立於加州 |
| 1958 | | 德州儀器的 Jack Kilby 展示第一個積體電路<br>Fairchild Semiconductors 的 Robert Noyce 發展出平面工藝技術製作半導體元件 |
| 1964 | 交大建立台灣第一座半導體實驗室 | |
| 1965 | | Gordon Moore 提出「摩爾定律」(Moore's Law) |
| 1966 | 高雄電子成立，從事電晶體的裝配 | |
| 1967 | | RCA 開始製作 CMOS 元件樣本<br>德州儀器製成第一個掌上型電子計算機 |
| 1968 | | NEC 製作出日本第一顆 IC<br>英特爾（Intel）創立 |

| | | |
|---|---|---|
| 1969 | 飛利浦建元開始做積體電路的裝配<br>台灣通用器材開始生產二極體<br>環宇電子成立，開始做電晶體、積體電路的裝配 | |
| 1970 | 台灣德州儀器成立，進行積體電路的裝配 | 英特爾製出第一個 DRAM |
| 1971 | RCA 在台開始做積體電路的裝配<br>華泰電子成立，開始做積體電路的裝配 | 英特爾製出 SRAM 與 EPROM，並且推出微處理器 |
| 1972 | 環宇電子率先在台灣推出電子計算機 | |
| 1973 | 財團法人工業技術研究院（ITRI）成立 | 英特爾推出 8080，全球第一個普遍使用的微處理器 |
| 1974 | 工研院電子工業研究中心成立<br>成立美洲技術顧問團（TAC） | |
| 1975 | 台灣光寶開始裝配發光二極體 | 微軟（Microsoft）成立 |
| 1976 | 宏碁成立<br>工研院與 RCA 簽訂「積體電路技術移轉授權合約」，4 月底第一批受訓人員前往 RCA 學習 IC 技術<br>謝錦銘設計台灣第一個商用化 IC「可設定時間的電子定時器」（CIC 0001） | 日本開始執行「VLSI 計畫」，進行半導體官民共同研發計畫<br>蘋果電腦（Apple Computer）成立 |
| 1977 | 工研院電子中心積體電路示範工廠完成，開始試製電子錶 IC<br>漢民科技成立 | Apple II 問世<br>美國的半導體公司籌組「半導體產業協會」（SIA） |
| 1978 | 工研院電子所建立光罩複製技術，開始供應國內廠商電子錶 IC 產品 | 三星集團購併「韓國半導體公司」，成立「三星半導體通信公司」<br>美光（Micron Technology, Inc.）成立 |
| 1979 | 台灣開始生產電腦終端機<br>工研院電子中心更名為「電子工業研究所」，胡定華博士擔任所長 | |

| | | |
|---|---|---|
| 1980 | 新竹科學園區啓用<br>工研院第一家衍生公司聯華電子（UMC）成立 | |
| 1981 | 台灣資訊工業年產值突破 1 億美元<br>工研院電子所開始提供半客戶委託設計積體電路服務 | IBM 發布第一台 PC，掀開個人電腦新紀元<br>微軟為 IBM PC 提供 BASIC 解譯器，又提供 MS-DOS 作業系統 |
| 1982 | 宏碁「小教授」電腦上市<br>台灣資訊工業年產值 1.6 億美元<br>遠東第一家 IC 設計公司──太欣半導體成立 | |
| 1983 | 工研院與國科會合辦首屆「國際超大型積體電路技術研討會」<br>台灣資訊工業年產值 4.8 億美元<br>工研院電子所與華智（Vitelic）公司合作，開發 64K CMOS DRAM | 三星成功開發了 64K DRAM 和 VLSI 晶片<br>美國半導體產業與日本的貿易爭議日漸升高，SIA 成立日本小組，專事兩國之間產業的對話<br>微軟公布了 Microsoft Windows，提供了圖形介面的操作環境 |
| 1984 | 日月光半導體成立<br>工研院電子所與國科會合作 MPC 計畫，在大學內培育 IC 設計人才<br>台灣資訊工業年產值突破 10 億美元<br>行政院核撥 22 億元，由電子所進行「超大型積體電路發展計畫」<br>聯華電子在美成立設計公司，首開國內資訊廠赴海外研發之先河 | |
| 1985 | 工研院電子所成立「共同設計中心」，提供 IC 設計與技術服務<br>台灣資訊工業年產值 12.6 億美元，成為世界資訊產品第 9 大生產國<br>張忠謀擔任工研院院長<br>聯電股票公開上市，是全台第一家上市的高科技公司 | 奇異（GE）購併 RCA<br>英特爾推出 Intel386（tm）處理器，退出 DRAM 的生產 |

| | | |
|---|---|---|
| 1986 | 台灣資訊工業年產值 21.3 億美元，為世界第 7 大資訊產品生產國<br>IBM 總公司決定將其個人電腦產品的各項專利授權台灣業者生產<br>宏碁完成亞洲第一部 80386 個人電腦 | IBM 推出第一台公事包大小的膝上型（laptop）電腦 |
| 1987 | 台灣積體電路公司（TSMC）成立<br>台灣資訊工業年產值達 38.4 億美元，台製個人電腦全球市占率超過 10%、監視器市占率超過 40%<br>華邦電子公司成立 | CD-ROM 上市<br>美國 IC 業者組成 SEMATECH（半導體製造技術產業聯盟）<br>IBM 建全球第一座八吋晶圓廠 |
| 1988 | 台灣資訊工業年產值 51.7 億美元，成為台灣第三大出口產業，世界排名晉升為第 6 位<br>筆記型電腦出現 | Cadence Design Systems, Inc.益華電腦成立 |
| 1989 | 台灣光罩公司成立<br>台灣資訊工業年產值 54.8 億美元<br>聯電六吋晶圓廠落成啓用<br>規劃次微米製程發展計畫，由工研院電子所與業者共同進行合作<br>旺宏電子創立<br>德碁半導體公司成立 | 英特爾 486 (tm) processor 問世 |
| 1990 | 台灣資訊工業年產值達 61.5 億美元 | |
| 1991 | 台灣資訊工業年產值達 69 億美元 | |
| 1992 | 我國第一批八吋晶圓之 256K 之 SRAM 試製完成<br>台灣資訊硬體工業年產值達 79.9 億美元，海外生產總值達 9.7 億美元 | 微軟推出 Windows 3.1 |
| 1993 | 台灣資訊硬體工業年產值達 96.9 億美元<br>國科會主導的「晶片設計製作中心」成立<br>聯友光電成功開發四吋薄膜電晶體液晶顯示器（TFT-LCD） | 英特爾 Pentium 處理器問世 |

| | | |
|---|---|---|
| 1994 | 世界先進積體電路公司成立<br>台灣資訊工業年產值突破百億美元，躍升為第四位資訊產品生產國<br>美國國家半導體公司（National Semiconductor）在台設立產品設計中心，加強對台灣廠商授權<br>台積電正式掛牌股票上市<br>美商德州儀器（TI）開始向台灣企業發出有關 DRAM 專利權的通知 | |
| 1995 | 台灣成為全球第三大資訊工業國<br>竹科積體電路產業進入八吋晶圓時代<br>國科會成立半導體設備推動小組，將結合產學及國際聯盟，投入開發半導體前段製程設備 | 微軟公司推出「視窗九五」（Windows 95） |
| 1996 | 筆記型電腦產量世界第一<br>台灣半導體產業協會（TSIA）成立<br>旺宏電子美國存託憑證上市成功，成為台灣第一家在美及 NASDAQ 上市公司<br>聯電與英特爾針對 486 專利權官司達成和解 | 三星加入晶圓代工領域 |
| 1997 | | 美光向美國政府指控台灣十多家業者傾銷 SRAM 到美國市場 |
| 1998 | | 台灣半導體產業協會獲准加入「世界半導體委員會」（WSC）成為第一個準會員 |
| 1999 | 台積電十二吋晶圓廠開工<br>台灣半導體產業協會向財政部關政司提出控告美國廠商在台傾銷 DRAM 訴訟。是貿易史上第一樁對外來電子產品傾銷的控告案例 | 美國國際貿易委員會終判台灣 DRAM 傾銷美國案不成立 |
| 2000 | 矽智產推動聯盟（SIP Consortium）成立<br>旺宏與 Tower 半導體簽署策略合作，共同開發微縮快閃記憶體的技術 | 中芯國際集成電路製造有限公司（SMIC）在中國大陸成立 |

| | | |
|---|---|---|
| 2001 | | 美國聯邦巡迴法院正式公布美光控訴台灣進口 SRAM 對美國產業造成實質傷害案的審理結果，判決台灣勝訴 |
| 2002 | 行政院推動「挑戰 2008 國家發展計畫」<br>威盛向公平會提出檢舉，指控英特爾違反公平競爭 | |
| 2003 | 台灣晶圓代工產值占全球 73 %<br>台積電首度擠進全球前十大半導體廠；另獲准赴大陸投資，進駐松江 | 蘋果電腦推出 iPod/iTune 與相關服務<br>FSA 將亞太營運總部設在台灣<br>由台積電主導的浸潤式微影技術列入 2003 年的 ITRS 藍圖中 |
| 2005 | 聯電疑涉嫌背信，掏空人才技術投資中國和艦科技，地檢署展開調查<br>日月光半導體內壢封裝廠大火，造成材料缺貨 | |
| 2006 | 工研院電子所改名為電子與光電研究所 | |

**國家圖書館出版品預行編目資料**

矽說台灣：台灣半導體產業傳奇／張如心、潘文淵文教基金會著
-- 第一版 -- 臺北市 : 遠見天下文化, 2006〔民95〕
面； 公分. —（財經企管：CB337）

ISBN 986-417-718-4（平裝）

1. 半導體—工業—臺灣

484.6 95010616

財經企管 BCB337A

# 矽說台灣

## 台灣半導體產業傳奇

作者 — 張如心、潘文淵文教基金會

總編輯 — 吳佩穎
編輯顧問暨責任編輯 — 林榮崧
責任編輯 — 劉翠蓉（特約）、林宜諄
封面設計 — 伍慧芳 hugo-cultural.myweb.hinet.net（特約）

出版者 — 遠見天下文化出版股份有限公司
創辦人 — 高希均、王力行
遠見・天下文化 事業群董事長 — 高希均
事業群發行人／CEO — 王力行
天下文化社長 — 林天來
天下文化總經理 — 林芳燕
國際事務開發部兼版權中心總監 — 潘欣
法律顧問 — 理律法律事務所陳長文律師
著作權顧問 — 魏啟翔律師
地址 — 台北市 104 松江路 93 巷 1 號 2 樓
讀者服務專線 — 02-2662-0012
傳真 — 02-2662-0007；02-2662-0009
電子郵件信箱 — cwpc@cwgv.com.tw
郵政劃撥 — 1326703-6 號　遠見天下文化出版股份有限公司
出版登記 — 局版台業字第 2517 號

電腦排版 — 立全電腦印前排版有限公司
製版廠 — 東豪印刷事業有限公司
印刷廠 — 柏皓彩色印刷有限公司
裝訂廠 — 聿成裝訂股份有限公司
總經銷 — 大和書報圖書股份有限公司 電話／ 02-8990-2588
出版日期 — 2006 年 6 月 26 日第一版第 1 次印行
2022 年 12 月 23 日第二版第 2 次印行

定價 — 500 元
ISBN — 4713510943281
書號 — BCB337A
天下文化官網 — bookzone.cwgv.com.tw

天下文化
BELIEVE IN READING